발명,
노벨상으로 빛나다

발명,
노벨상으로 빛나다

초판 1쇄 펴낸날 | 2021년 11월 10일

지은이 | 문환구
펴낸이 | 류수노
펴낸곳 | 한국방송통신대학교출판문화원
　　　　(03088) 서울시 종로구 이화장길 54
　　　　전화 (02) 3668-4764
　　　　팩스 (02) 741-4570
　　　　홈페이지 http://press.knou.ac.kr
　　　　출판등록 1982년 6월 7일 제1-491호

출판위원장 | 이기재
편집책임 | 이두희
편집·교정 | 김수미
편집 디자인 | (주)성지이디피
표지 디자인 | 플러스

ⓒ 문환구, 2021
ISBN 978-89-20-04181-5 03400

값 17,500원

존 바딘
미국

파울 뮐러
스위스

프레더릭 밴팅
캐나다

나카무라 슈지
일본

한국

발명,
노벨상으로 빛나다

문환구 지음

NOBEL PRIZE

지식의날개

머리말

다음에는 아들 둘도 꼭 데리고 오겠습니다.

1956년 트랜지스터 개발 업적으로 노벨 물리학상을 받은 존 바딘이 스웨덴 국왕 구스타프 6세에게 한 약속이다. 바딘은 대학과 고등학교 기말시험 공부에 바쁜 두 아들은 두고 어린 딸 엘리자베스만 데리고 시상식에 참석했고, 구스타프 6세가 이런 자리에는 아이들을 데리고 와야 한다고 말했기 때문이다.

재직 중이던 일리노이대학에서 몇 년이나 함께 골프를 쳤던 사람이 무슨 일을 하느냐고 물었을 정도로 과묵하고 겸손했던 바딘은 약속을 지키는 사람이었다. 16년 뒤인 1972년 초전도이론으로 다시 노벨 물리학상을 받으러 스톡홀름을 향할 때는, 물리학자가 된 두 아들 제임스와 윌리엄도 데려갔다. 약속은 혼자서는 지킬 수 없다. 구스타프 6세는 그때까지 왕위를 지키고 있었고, 두 사람의 약속을 지킨 다음 해인 1973년에 편안히 눈을 감았다.

바딘이 발명한 트랜지스터는 반도체 집적회로IC로 이어져 세상을 바꾼 극소전자혁명의 상징이었다. 진공관으로 건물을 한가득 채우고

5

도 수시로 멈추기 일쑤였던 진공관 컴퓨터는 소형화되면서도 안정되었고 연산능력은 놀랍게 향상되었다. 오늘날 현대문명이 누리고 있는 거의 모든 전자, 기계, 정보통신 기술과 제품은 트랜지스터라는 출발점에서 뻗어 나왔다.

과묵하고 겸손한 바딘도 트랜지스터를 발명했을 때 벨연구소의 정책에 따라 논문 발표보다 특허 등록을 먼저 했다. 후속 특허가 줄을 이었고 관련 논문도 뒤따랐다. 노벨상으로 빛난 발명의 상징적인 모습이다. 반면, 초전도현상의 수수께끼를 풀어낸 바딘의 두 번째 업적인 초전도이론은 특허 출원과 거리가 있었다. 이미 알려져 있던 현상에 대한 원리를 밝힌 발견은 대부분 특허 대상이 아니다.

물론 초전도이론에 기초하여 전보다 효율적인 초전도체를 만드는 장치나 방법을 제시하면 특허를 받을 수 있고, 그 결과로 제작된 초전도체도 특허 대상이 될 수 있다. 지금이라면 대학의 산학협력단에서 특허 출원거리를 찾아내고도 남았을 것이다. 어쨌든 바딘이 받은 두 번의 노벨상은 시상식에 아들과 동행했는가 여부와는 별개로, 물리학에서는 실험과 이론 분야로 분류하기도 하고, 발표 수단으로 보면 특허 명세서와 논문으로 구별할 수도 있다.

반도체의 특성을 연구하던 과학 연구는 트랜지스터처럼 실생활에 쓰이는 제품기술로 연결되었고, 이전에는 없던 초전도체를 만드는 기술이 개발되자 과학이 그 현상의 원인을 설명했다. 이렇게 과학은 기술을 설명하고 기술은 과학이론을 응용하여 새로운 장치를 만들어 서로를 밀고 끌게 되자, 과학과 기술을 구별하지 않고 과학기술이라는 이름으로 묶어 하나처럼 보기도 한다.

그 결과 과학자의 연구결과가 순수 과학이론이라고 해도, 그로부터 파생되는 방법이나 장치로 특허 출원을 기대한다. 국가의 특허제도, 대학의 산학협력단, 연구소의 특허지원팀은 조직적이고 체계적으로 발명의 특허화를 지원한다. 물론 기술자로 스스로를 규정하는 사람도 훌륭한 결과물을 창안했을 때 특허 출원에만 머무르지 않고 논문으로 발표한다. 그래야 더 많은 연구 동료를 얻을 수 있어서다. 과학기술자는 연구결과 중 구체화 가능한 부분을 특허로 출원하고, 추상화할 수 있는 부분을 정리하여 논문으로 발표하는 사람이다.

한국연구재단은 2019년 10월에 과학 분야에서 '노벨상 수상 현황과 트렌드를 중심으로'라는 부제를 붙인 《노벨 과학상 종합분석 보고서》를 발간했다. 노벨 과학상 수상자의 연구 업적을 분석하고, 그 분석결과에 비추어 수상 가능성이 있어 보이는 한국인 과학자들의 현황을 조사한 이 보고서는 2000년대 이후 중국, 일본 등 주변 아시아 국가들의 연속적인 노벨상 수상으로 한국인 수상에 대한 국민적 기대와 열망이 높아져서 간행하게 되었다고 한다. 표지를 포함해 443쪽이나 되는 이 두툼한 보고서는 연구 업적 분석자료로 연구자가 발표한 논문의 숫자와 각 논문의 피인용도를 사용했다.

보고서가 제안하는, 한국인의 노벨 과학상 수상을 위해 필요한 중점 정책은 3가지다. 노벨상에 근접한 한국인 과학자들의 분야가 응용과학에 편중되어 있으므로 기초과학을 더 지원하고, 젊은 연구자들이 독창적인 연구를 할 수 있는 시스템을 정착시키며, 미국 중심인 국제협력 네트워크를 유럽 등으로 좀 더 확장하라는 것이다. 지난 몇십 년 동안 노벨상 발표 때면 들려오던 이야기와 큰 차이는 없었다. 하지만 이것뿐일까? 이 보고서에는 현재 인류가 마주한 문제를 해결하기 위한, 특허를 고리로 한 기술장벽 극복에 대한 검토가 빠졌다. 이미 대학에서도 과학기술의 연구결과를 특허로 먼저 출원하는 일이 보편화되어, 정부연구개발 과제에서도 특허를 연구 업적에서 논문과 별도 항목으로 평가한 지 오래라는 사실을 기억해야 한다. 새로운 과학기술의 방향을 제시하는 원천특허를 발명한 사람은 "인류에게 가장 큰 혜택을 준" 사람이고, 노벨상은 이런 사람에게 주는 상이기 때문이다. 이미 노벨상은 위대한 발명가를 수상자 명단에 여러 차례 올렸으며, 그들의 특허 문헌은 수많은 후속 특허와 논문에서 인용되고 있다.

이 책은 새로운 현상을 규명하여 이를 물질이나 장치 또는 방법으로 정리해 특허로 출원하고, 이를 기초로 노벨상을 받은 사람들과 그 기술 및 과학에 관한 이야기를 정리한 기록이다. 미국전화전신회사 AT&T의 벨연구소 근무 시절 트랜지스터 연구로 자신의 첫 번째 노벨상을 받았던 존 바딘 말고도, 자신의 연구결과를 특허로 처음 세상에 알린 사람이 많았음을 알려주려고 한다. 노벨상이 기초과학을 중시했지만 응용과학도 결코 소홀히 대하지 않았음을 알리려는 시도이기도 하다. 정부출연 연구소뿐 아니라 기업체 부설 연구소와 생산 현장에서 응용 연구와 제품개발에 힘쓰고 있는 과학기술자의 노력이 기술한국의 토대를 다질 뿐만 아니라 한국인 과학 분야 노벨상 수상의 낭보를 먼저 전해 줄 수도 있으리라는 희망을 품은 정리다. 정부가 대학의 기초과학 연구를 후원하듯, 이제는 세계적 기업으로 성장한 한국의 대기업들도 독창적인 연구를 격려하는 분위기를 키워 나가야 한다는 기대를 담은 글이기도 하다.

이 책을 준비하면서 많은 분의 도움을 받았다. '발명과 노벨 물리학상'에 관한 글은 창원대 송태권 교수의 응원으로 시작할 수 있었다. 분자생물학 박사인 동료 박원미 변리사는 생물학 분야와 특허제도의 토론상대가 되어 주었다. 미국 '크노비 마튼스'의 송호찬 변리사를 비롯한 옛 청년과학기술자협의회 동료들은 책의 이름을 정하는데 도움을 주었다. 많은 이야기를 잔뜩 욱여넣었던 원고뭉치는 방송대 출판문화원 이두희 선생님의 편집을 거친 뒤 비로소 책의 형태를 갖추었다. 이 과정에서 생물학과 화학 분야 글을 앞쪽으로 옮기는 게 좋겠다는 두리암특허법률사무소 장유정 차장의 조언을 참고했다. 군데군데 틀린 글자와 서툰 문장은 김수미 선생님의 교정으로 정리되었다.

《사피엔스》와《휴먼카인드》를 번역한 조현욱 선생은 원고 곳곳에 있는 어색한 표현을 바로잡아 주었다. 전방욱 전 강릉원주대 총장은 비타민과 호르몬에 대해 미처 알지 못했던 내용을 알려 주었고, 서울시립대 박인규 교수는 최초의 미국인 노벨 물리학상 수상자인 '마이컬슨'을 함께 실험했던 '몰리'로 바꿔 적은 잘못을 지적해 주었다.연세대 문일 교수, 서울대 홍성욱 교수 그리고 경희대 박용섭 교수는 글을 쓰는데 필요한 여러 조언과 함께 훌륭한 추천의 글을 보내 왔다. 이런 도움을 거친 뒤에도 오류가 남아 있다면 변명의 여지가 없이 나의 책임이다.

원고가 하나씩 갖추어질 때마다 첫 독자가 되어 때로는 비평을 하고, 때론 오탈자를 찾아 준 아내 장호정과 딸 규진, 아들 영훈에게도 고마운 마음을 전한다. 노점에서 생선을 팔아 우리 4남매를 키웠고, 이제는 조금씩 기억을 잃어가는 어머니에게 이 책을 바친다.

차례

I

'인류의 건강 개선을 위하여'*
헌신하다

* 노벨 생리의학상 수상자를 선정하는 카롤린스카연구소의 표어

15세기 기독교 왕국 포르투갈은 이슬람제국 오스만투르크로 인해 막힌 지중해를 거치지 않고 인도의 향신료를 구하기 위해 아프리카 희망봉을 돌아 인도로 향하는 대항해를 시작한다. 1488년 바르톨로메우 디아스가 아프리카 서해안을 돌아 남단의 희망봉까지 항로를 개척했고, 바스쿠 다가마가 170여 명의 선원과 함께 희망봉을 돌아 인도 땅인 캘리컷(코지코드)에 도착한 때는 10년이 지난 1498년이었다.

바스쿠 다가마가 아프리카에서 인도로 갈 때는 아프리카에서 인도를 향해 부는 계절풍을 등에 업고 갔기 때문에 20여 일 만에 항해를 마칠 수 있었다. 그러나 인도에서 출발해 아프리카로 되돌아올 때는 130일이 넘게 걸렸고, 이로 인해 심각한 상황을 마주하고 말았다. 인도에서 아프리카로 오는 4개월 동안 중간 기착지가 없었고, 이 때문에 괴혈병(scurvy)이 선단을 덮쳐서 많은 선원이 희생되었다. 포르투갈에서 희망봉까지 갈 때도 시간이 오래 걸리기는 했지만, 수시로 아프리카 해안의 여러 항구에 정박해 신선한 채소를 섭취할 수 있어서 겪지 않았던 일이었다.

호르몬처럼 우리 몸에 꼭 필요하지만 몸 안에서 만들지 못하는 비타민 결핍이 일으키는 질병은, 대항해와 같은 인류가 처음 경험해 보는 상황에서 드러났다. 항해하는 선원 말고도 병영 안의 군인이나 감옥 안의 수인도 집단으로 질병에 시달렸고, 많은 희생자를 만들었다. 다행히 현장의 의사와 생물학자들은 사소한 단서 하나를 소홀히 지나치지 않고 꾸준히 탐구하여 그 원인과 해결책인 비타민을 찾아냈다. 노벨상이 이들의 헌신에 응답했음은 물론이다.

몸에서 만들어 내는 호르몬이 충분히 생성되지 않거나 적절히 작동하지 않아 문제가 되는 경우도 있다. 인류가 오랜 세월 적응해 온 환경이 바뀌면 특히 더 그렇다. 우리 몸은 영양소인 탄수화물, 지방, 단백질로부터 에너지원인 포도당을 만드는 호르몬으로 글루카곤, 당질 코르티코이드와 함께 아드레날린을 분비한다. 이 세 호르몬 중 하나에 문제가 생겨 혈액에 포도당이 부족해지면 다른 호르몬이 나서서 포도당을 보충해 준다. 우리 조상은 먹을 때보다 굶주린 시기가 더 길었기 때문에 에너지원인 포도당이 부족할 경우에 대한 대비를 하도록 진화해 온 것이다.

반대로 인체 내에서 포도당을 식물의 녹말에 대응되는 동물성 탄수화물인 글리코겐으로 전환하는 호르몬으로는 인슐린 하나만 분비한다. 인슐린에 문제가 생기면 그 기능을 대신해 줄 다른 호르몬이 없다는 뜻이다. 오랫동안 굶주림에 시달려 와 그럴 필요가 없었기 때문이다. 그러나 이제는 식량이 풍부해져 인슐린이 제대로 분비되지 않거나, 분비되더라도 제대로 작동하지 않는 질병인 당뇨병이 기승을 부린다. 인슐린의 발견과 합성은 큰 성취지만 인슐린 저항성 극복은 여전히 해결해야 할 과제다.

호르몬이나 비타민처럼 내분비나 섭취의 불균형이 아니라 세균이나 바이러스가 일으키는 병은 주로 전염병의 형태로 인류를 공포에 몰아넣었다. 말라리아나 티푸스는 지금도 저개발국의 주요 사망원인이고, 치료제 개발과 함께 예방책으로 매개체인 모기나 쥐의 구제가 필요한 질병이다. 인도 주둔 영국군 장교가 말라리아에 효과가 있는 퀴닌(quinine)을 마시기 좋게 하려고, 토닉워터에 희석한 뒤 진을 첨가한 진토닉은 지금은 말라리아와 무관하게 사람들이 즐기는 칵테일이 되었다.

세균을 잡는 항생제가 만들어지고도 여전히 기승을 부리는 결핵은 2015년 한 해에만 세계적으로 180만 명의 사망자와 1,040만 명의 신규 환자를 기록했다. 한국도 2010년 기준 사망 환자수가 2,000명 이상이고, 새로운 결핵 환자가 3만 5,000명 발생하여 전체 환자수가 17만 명으로 경제협력개발기구 국가 중 결핵 환자 보유비율 1위를 기록하고 있다. 이를 해결하고자 2016년부터 의료기관 종사자의 결핵검진과 잠복결핵검진을 의무화했고, 고등학교 1학년 학생과

만 40세 국민은 건강검진에서 잠복결핵검사를 무료로 받을 수 있게 했으며, 징병 신체검사에도 잠복결핵검진을 추가했다. 많은 사람이 20세기 질병으로 알고 있는 결핵은 지금도 결코 소홀히 넘어갈 수 없는 대상으로 남아 있다.

그리고 암이 있다. 암과 관련된 기록은 약 2,500년 전 고대 그리스의 헤로도토스가 쓴 《역사(*Historia*)》에서도 찾을 수 있다. 페르시아 왕비 아토사가 유방암으로 고생하다 그리스인 데모케데스로부터 유방절제술을 받았다는 이야기다. 이처럼 오랜 세월 인류와 함께해 온 암은 종양을 중심으로 뻗어 나간 혈관의 모습이 마치 게(crab)와 같다고 해서, 그리스어로 게라는 뜻인 karkinos로부터 유래된 라틴어 cancrum을 거쳐 cancer라는 이름을 얻었다.

불과 한 세대 전만 해도 사형선고라고 했던 암도 이제는 치료하거나 관리하는 질병으로 가는 과정에 있다. 암의 원인, 예방, 치료와 관련한 현대의학의 노력과 진보는 눈부시다. 화학적, 생물학적 약물개발에 더해 물리학자들은 암세포를 파괴하기 위해 X-선을 비롯한 방사선을 동원하더니 물리실험에 사용하던 입자가속기를 이용해 양성자나 탄소원자 등도 가속시켜 암세포를 향해 발사한다.

암뿐 아니라 어떤 질병이든 몸속에 생긴 병변을 직접 볼 수 있다면 정확한 진단과 치료에 도움이 된다. 몸속의 뼈를 사진으로 찍어 흐릿하게 보는 데 그쳤던 X-선 응용은 3차원 단층촬영을 하는 CT로 발전했다. 진단과정에서 일어나는 X-선의 영향을 줄이기 위한 방편으로 개발된 MRI는 인체에 무해한 자기장으로 몸속 입체영상을 촬영한다. 이 모두가 질병은 극복해야 한다는 신념을 가진 과학기술자들의 노력이 이룩한 성과물이다.

집단질병의 공포를 몰아낸 비타민

비타민 B1의 발견과 1929년 노벨 생리의학상 수상자 에이크만

☀ 대항해시대와 괴혈병

유럽 항구를 떠난 배들이 인도와 아메리카로 향하던 대항해시대, 선원들을 두려움에 떨게 했던 것은 해적만이 아니다. 오랜 시간 항구에 정박하지 못해서 채소를 섭취하지 못한 선원들은 괴혈병에 시달렸지만 원인을 모르니 대처도 하지 못하고 속수무책으로 쓰러져 나갔다. 비타민 C의 장기 결핍으로 발병하는 괴혈병은 혈관손상을 일으켜 탈진이나 체중감소와 함께 잇몸이나 피부에 출혈을 발생시킨다. 초기에는 병원균을 의심했으나 식량공급이 제대로 되지 않은 감옥의 죄수들도 앓는 경우가 있어서 전염병 혹은 영양실조를 원인으로 추측하기도 했다. 그 뒤 오랜 경험으로 감귤류의 과일을 먹거나, 양배추를 발효시킨 독일 음식 사워크라우트^{sauerkraut}처럼 신 음식을 섭취하면 괴혈병 위험이 줄어든다는 사실을 발견했을 뿐이다.

영국 해군 의사인 제임스 린드James Lind, 1716~1794가 체계적인 실험을 통해 산성 식품의 괴혈병 치료효과를 발표한 때는 바스쿠 다가마의 항해로부터 255년이나 지난 1753년이었다. 물론 이때도 비타민에 대해서는 알지 못했고, 다만 신체조직의 부패작용을 과일 등에 포함된 산성 성분이 막아 주는 것으로 생각하는 정도였다. 그 뒤에 남태평양 탐사 항해1768~1771를 했던 영국의 제임스 쿡James Cook, 1728~1779은 린드의 처방에 따라 사워크라우트를 거부하는 선원들을 설득하여, 장기 항해에서 최초로 괴혈병의 발병을 막아 냈다. 그는 이 공로로 왕립학회에서 코플리 메달[1]을 받기도 했다.

🔆 동아시아의 각기병

격리되거나 집단생활을 하는 사람들이 괴혈병의 공포로부터 벗어난 1800년대 초부터는 다른 질병이 기록되기 시작했다. 괴혈병과는 달리 말초신경장애와 심부전이 나타났고, 환자는 대부분 쌀을 주식으로 하는 사람들이었으며 산성 음식을 섭취해도 치료나 예방이 되지 않았다. 공식 기록은 스리랑카에 근무하던 영국군 내과의사 토머스 크리스티Thomas Christie가 1804년에 처음 남겼다. 스리랑카어로 '할 수 없어'라는 의미의 베리베리beriberi라는 병명으로 불린 각기병도 음식물에 부족한 어떤 성분이 원인일 것이라고 생각했지만 그게 무엇인지는 알 수 없었다. 게다가 유럽인과 미국인은 각기병이 드물어서 심각하게 연구하는 의사나 과학자도 적었다.

그러다가 1800년대 후반, 일본이 개항하여 흑선[2]이 도입되어 쌀을 먹는 일본인에게 장기 항해의 기회가 주어졌다. 그러면서 각기병의 집단발병이 문제가 되기 시작했다. 일본 해군은 주식인 밥만 제공하고, 부식은 자신의 급여에서 사 먹어야 하는 특이한 제도를 취하고 있었기 때문에, 고향에 보낼 돈을 모으려고 맨밥만 먹던 가난한 하급군인들에게서 각기병이 집중적으로 발병했다. 장교들은 멀쩡한데 부하들은 병에 걸리는 이 현상의 원인으로 음식물 섭취의 차이를 꼽은 사람은 일본의 해군 군의관 다카키 가네히로高木兼寬, 1849~1920였다.

영국에서 공부했던 가네히로는 밥만 먹는 사람은 단백질이 결핍되기 때문에 각기병이 생긴다고 보았다. 따라서 그 해결책으로 선원에게 급여의 일부를 고기, 우유, 빵으로 공급하는 방안을 제시했고, 그 효과를 확인한 해군 지휘부는 서양식 식사에 대한 거부감을 달래기 위해 보리가 섞인 쌀로 밥을 짓는다거나 카레라이스를 개발하는 등의 조치를 통해 각기병의 창궐을 어느 정도 억제할 수 있었다. 물론, 정확한 원인을 몰랐으니 각기병 환자의 발생을 완전히 막지는 못했다.

그래도 일본 해군이 단행한 보급식량 개선의 효과는 엄청나게 컸으니 전시에 고립된 환경에서 육군이 겪은 피해와 비교할 때 그 차이는 두드러졌다. 개항 직후 군국주의화로 치달았던 당시 일본에서는 오늘날 가고시마현에 해당하는 사쓰마번 출신이 주축인 해군과 현재의 야마구치현인 조슈번 출신이 중심인 육군이 사사건건 대립하곤 했다. 이들은 이른바 삿초동맹[3]을 통해 일본 막부체제를 무너뜨리고 집권했지만 집권 후에는 각각 해군과 육군에 포진하여 서로를 견제하였다. 전 세계를 돌아다니는 경험을 통해 세계화되고 상대적으로 세련된 해군에 비해 전통적인 사무라이 문화에 가까웠던 육군은 훨씬 더 권위적인데다, 무엇보다 해군을 무시해서 해군이 도입한 식단을 받아들이지 않았다. 그 결과 러일전쟁 당시 각기병 환자가 일본 해군에서는 불과 100여 명 발생했지만 육군에서는 그로 인한 사망자 수[4]만 1만 명 이상이라고 본다.

☀ 비타민의 발견

항해하는 선박만 장기간의 고립된 환경을 만들지는 않았다. 사람을 가두는 감옥도 그랬다. 게다가 벌을 주는 목적을 띤 곳이라 음식물 제공에 큰 신경을 쓰지도 않으니 선박보다 더 열악한 경우가 많았다. 네덜란드가 지배하던 인도네시아의 감옥에서도 각기병 환자가 대규모로 발생하곤 했는데 몇몇 감옥에서 유독 많이 발병했다. 감옥별로 제공되는 식사를 비교해 보면 별다른 차이가 없는데도 그랬다. 그 속에서 차이를 발견한 사람이 자바에서 일하던 네덜란드 의사 에이크만Christiaan Eijkman, 1858~1930이었다.

벼에서 왕겨를 제거한 현미를 여러 차례 도정하여 백미를 만들면 밥맛이 좋을 뿐 아니라 열대기후에서 오랜 기간 쌀을 보관할 때 나는 역한 냄새도 막을 수 있다. 그 때문에 동남아시아에서는 쌀에서 쌀겨를 많이 깎아 내곤[5] 했다. 자바섬의 여러 교도소별로 각기병 발생빈도를 조사한 보더만Adolphe Vorderman, 1844~1902의 도움으로 에이크만은 도정을 더 많이 한 쌀을 소비한 교도소가 각기병 발병 빈도가 높다는 사실을 확인했다. 그 뒤 쌀겨가루를 각기병에 걸린 닭에게 먹이는 실험을 통해 쌀겨에 각기병을 예방하고 치료하는 물질이 포함되어 있다는 결론에 도달했다. 유럽인이 걸리지 않는 병이라는 이유로 지나쳤던 다른 연구자와 달리, 인류 보편의 문제로 접근했던 에이크만의 노력이 빛을 본 것이다.

에이크만의 연구결과를 과학적으로 정리한 사람은 후계자였던 그리인스Gerrit Grijns였다. 1901년에 그리인스는 건강을 유지하려면 탄수화물, 단백질, 지방 말고도 어떤 보호성분 물질이 신체 내에서 직접 사용되어야 하며, 이 물질은 단순한 화학성분으로 대체될 수 없는 복합체라고 설명하였다. 그렇지만 그 물질이 무엇인지는 알아내지 못했다. 1906년에 홉킨스Frederick Gowland Hopkins, 1861~1947도 음식물의 어떤 요소가 건강에 중요하다는 사실을 발견하고, 이 소량의 물질이 성장에 필수적인 요소임을 후속 연구를 통해서 밝혀내기는 했지만 여전히 그 정체를 규명하지는 못했다.

1912년에는 폴란드 출신의 미국 생화학자인 풍크Casimir Funk, 1884~1967가 비타민 가설을 내놓았다. 풍크는 각기병뿐 아니라, 괴혈병, 펠라그라,[6] 구루병[7] 등이 특정한 필수 영양소의 부족으로 인한 것이라고 설명하면서 쌀겨 등 이미 알려진 각기병 예방물질은 아미노산의 유도체인 아민amine의 일종이라는 사실도 밝혀냈다.

'생명과 관련된vital 아민amine'이라는 뜻을 가진 합성어인 vitamine 은 이를 발견한 풍크의 제안이었다. 각기병을 예방하는 비타민 B1 은 아민이지만 다른 비타민은 아민을 함유하지 않는 것으로 나중에 밝혀졌다. 그래도 'vitamine'이란 단어는 처음 형태에서 모음 'e'만 빠진 'vitamin'으로 남았다.

비타민은 호르몬처럼 미량으로 생체 내에서 중요한 생리적 작용을 조절하는데, 비타민 D를 제외한 대부분의 비타민은 인체에서 합성하지 못하므로 음식이나 약품으로 섭취해야 한다. 동일한 성분이면서도 사람에게는 비타민 C지만 토끼나 쥐 등 체내에서 합성하는 동물에게는 호르몬으로 분류되는 아스코르브산도 있다.

☀ 비타민과 노벨상

각기병의 예방 및 치료제로 비타민 B1의 실체가 밝혀지자 다양한 종류의 비타민이 잇달아 발견되었다. 스웨덴 카롤린스카연구소는 질병 예방과 치료에 실체로 등장한 비타민 자체의 발견과 개별 비타민의 생화학적 기능 규명에 노벨 생리의학상을 수여했고, 스웨덴 왕립과학원은 비타민의 구조를 밝히고 그를 통한 화학적 합성에 노벨 화학상을 수여했다.* 그 과정에서 각기병을 연구한 에이크만은 물론, 성장촉진과 비타민의 관련성을 밝혀낸 홉킨스도 노벨상 1929년 생리의학상을 받았지만 비타민이라는 이름을 만든 풍크는 수상에서 제외되었다.

• 표 1-1 • 비타민의 발견에 수여된 노벨상

발견연도	비타민 종류	음식	노벨상 수상 부문
1910	B1(티아민)	쌀겨	1929 생리의학상
1912	C(아스크로브산)	과일, 야채	1937 생리의학상
			1937 화학상
1913	A(레티놀)	대구간유	1937 화학상
1920	B2(리보플라빈)	육류, 유제품, 달걀	1938 화학상
1922	D(칼시페롤)	대구간유	1928 생리의학상
1922	E(토코페롤)	밀 배아유, 비정제 채유	1937 생리의학상
1929	K1(필로퀴논)	잎채소	1943 생리의학상
1934	B6(피리독신)	육류, 유제품	1938 생리의학상
1948	B12(코발라민)	간, 달걀	1934 생리의학상
			1957, 1964, 1965 화학상

풍크는 당연히 자신이 제외된 것은 부당하다고 주장했다. 공포로만 다가왔던 많은 질병이 특정 세균을 제거하거나 부족한 비타민을 보충하는 방법으로 해결될 수 있다는 사실은 과학이 밝혀낸 기적과 같은 축복이었고, 노벨상 역시 이 흐름에 칭찬을 아끼지 않았지만 모든 사람을 만족시킬 수는 없었다.

* 노벨상 수상자는 여러 기관이 나누어 선정한다. 스웨덴 왕립과학원(Royal Swedish Academy of Sciences)은 노벨 물리학상, 화학상 그리고 경제학상(알프레드 노벨을 기념하는 경제학 분야의 스웨덴 중앙은행상) 수상자를, 카롤린스카연구소는 생리의학상 수상자를, 스웨덴 아카데미는 문학상 수상자를 선정한다. 노벨평화상 수상자는 노르웨이 노벨위원회에서 선정한다.

☀ 비타민과 산업화

비타민의 실체가 알려진 초기에는 비타민이 함유된 음식을 섭취하는 방법으로 비타민의 공급을 담당했으나, 화학적 구조가 밝혀지고 합성이 가능해지자 비타민 고함유 음식을 거쳐 정제 비타민 자체의 공급도 가능해졌다. 괴혈병의 예방과 치료에 필요한 비타민 C는 1912년에 발견되어 1928년에 분리되었고, 1933년이 되면 화학적으로 합성된다. 비타민 C가 수용성으로 밝혀지자 다량 섭취해도 위험하지 않을 뿐 아니라 1일 권장섭취량 100mg[8]보다 훨씬 많은 양을 섭취하기를 권고하는 흐름도 생겨났다.

노벨 화학상1954과 평화상1962을 수상한 미국의 화학자 라이너스 폴링 Linus Carl Pauling, 1901~1994은 하루에 3,000mg의 비타민 C를 섭취하면 감기를 예방할 수 있다고 논문과 책[9]을 통해 주장했다. 폴링은《암과 비타민 C Cancer and vitamin C》라는 책도 집필하여 암치료를 위한 비타민 C 고용량 복용 붐을 일으키기도 했다. 비타민 C를 많이 섭취할 경우 일어나는 설사, 구토, 신장결석 등의 부작용을 주장하는 목소리와 미국 매이요 클리닉Mayo Clinic에서 플라시보 이상의 효과는 없다는 임상시험 결과를 발표했지만 고용량 비타민 C의 암치료 효과는 지금까지도 논란 속에 있다. 한국에서도 암 치료를 위한 비타민 C 고용량 복용을 옹호하는 사람들은 정맥주사를 통한 하루 10,000mg[10g] 이상의 고용량 투여를 위해 치료법에 동의하는 의사와 환자들의 네트워크를 구성하기도 한다.

비타민이 영양보조식품으로 공급되기 시작한 때는 비타민 박사라고 불렸던 매컬럼Elmer Verner McCollum, 1879~1967이 데이비스Marguerite Davis, 1887~1967와 함께 비타민 A를 발견한 1913년경부터였다. 동물을 대상으로 한 야맹증 치료 효과를 실험하는 과정에서 열처리한 대구간유가 야맹증은 치료하지 못했지만 골연화를 일으키는 구루병rickets을 치료하는 효과를 발견했기 때문에 비타민 D 발견의 공로를 매컬럼에게 돌려야 한다는 주장도 있다. 실제로는 빈다우스Adolf Otto Reinhold Windaus, 1876~1959가 1928년에 스테롤의 구조와 비타민의 연관성에 관한 연구로 노벨 화학상을 받아서 실질적인 비타민 D에 관한 공로를 인정받았고, 매컬럼은 수상자 명단에 이름을 올리지 못했다.

위스콘신대학 교수였던 해리 스틴박Harry Steenbock, 1886~1967은 식품에 자외선을 쏘이면 비타민 D 함량이 증가한다는 사실을 발견했고, 심하면 척추장애가 되는 구루병에 걸린 실험용 쥐를 이용해 그 효과를 확인했다. 유기체는 살아 있거나 죽어서나 자외선을 흡수하면 비타민 D 전구체를 비타민 D로 바꾸는 것이다. 주변의 의사

Patented Aug. 14, 1928. **1,680,818**

UNITED STATES PATENT OFFICE.

HARRY STEENBOCK, OF MADISON, WISCONSIN, ASSIGNOR TO WISCONSIN ALUMNI RESEARCH FOUNDATION, A CORPORATION.

ANTIRACHITIC PRODUCT AND PROCESS.

No Drawing. Application filed June 30, 1924. Serial No. 723,171.

그림 1-1 해리 스틴박의 항구루병 제품 및 제조법에 대한 미국 등록특허

와 동료 교수들은 특허 등록을 만류했지만, 그랬다가는 오히려 대기업이 다른 후속 특허를 통해 독점하거나 처리방법 자체가 오용되거나 남용될 수 있다고 주장하며 스틴박은 자비로 특허를 출원하였다. 구루병 치료에 사용될 수 있는 유기물식품에 대한 자외선 처리방법과 그 제품에 관한 내용이었다.

대학교수의 발명도 직무발명으로 보아 권리를 대학에 귀속시키는 요즘에는 상상하기 어렵지만, 위스콘신대학은 특허 관리 부서가 없다는 이유로 스틴박의 특허를 넘겨받지 않았다. 특허 관리 부서를 만들고 유지하는 데 드는 돈이 특허로 버는 돈보다 더 많을 거라고 생각했기 때문이다. 스틴박은 위스콘신대 동문들을 설득해 위스콘신동문연구재단Wisconsin Alumni Research Foundation, WARF을 설립하고 이 재단에 특허를 넘겼다.

위스콘신동문연구재단은 특허를 관리하고 특허권 이전이나 실시권 설정으로 얻은 수입을 대학과 발명자에게 되돌려 주었으며, 이는 오늘날 한국 대학의 산학협력단에서 채택하고 있는 모델이다. 위스콘신동문연구재단은 스틴박의 특허를 식품회사인 퀘이커 오츠Quaker Oats Company에 넘겼고 퀘이커 오츠에서는 비타민 D가 강화된 시리얼을 상품화하여, 대학과 기업이 함께 발전하는 성공사례를 남겼다.

비타민 결핍으로 인한 질병의 원인으로 초기에는 병원균을 의심하기도 했지만, 영양소 결핍으로 방향을 돌린 발상의 전환으로 결국 비타민을 발견했다. 이런 발상의 전환을 이루어 낸 선각자들은

그림 1-2 퀘이커 오츠의 시리얼

하나같이 현장에서 활동했다는 공통점을 가진다. 노벨상은 최첨단 의학기술이 아니라 질병이 번지는 현장에서 원인을 찾아낸 이들의 노력을 소홀히 대하지 않았다.

지역과 국가에 따라서 음식만으로는 섭취가 부족한 특정 비타민은 화학적 합성제품으로 공급할 수 있게 되었고, 그 결과 여전히 논란은 있지만 비타민은 오늘날 우리 주변에서 가장 많이 볼 수 있는 건강보조식품의 자리를 차지한다. 가끔 과다섭취가 문제되기는 하지만 어떤 이유로든 비타민은 섭취가 부족할 수 있으니 관심을 가져야 한다. 특히 어린이에게는 성장에 필요한 비타민이 모자라지 않도록 잘 살펴야 한다.

02
당뇨병 치료의 서막을 연 인슐린
인슐린의 발견과 1923년 노벨 생리의학상 수상자 밴팅

☀ 식량과 당뇨병

근대 이전의 인류는 늘 배가 고팠다. 아메리카대륙으로부터 감자와 옥수수가 도입되고 나서야 유럽에서 주기적으로 반복되던 기근이 줄어들기 시작했다. 경제개발 시절, 한국은 구황식물을 자유롭게 재배할 수 있도록 괴경, 괴근, 구근식물 특허를 1990년까지 금지했다. 그런데 식량공급이 안정화되면서 예상치 못한 문제가 생겼다. 부자가 앓던 당뇨병이 대중에게로 번져 나간 것이다.

세종대왕도 당뇨병을 앓았는데, 이는《조선왕조실록》에 소갈병으로 기록되어 있다. 소갈이란 소화가 너무 잘 되어 배가 고프고 갈증이 심해 물을 찾는다는 뜻이다. 당뇨병에 걸리면 혈액 속 포도당 수치인 혈당이 올라가 남아도는 당분이 소변으로 배출되면서 많은 양의 물을 함께 끌고 나가서, 몸속의 에너지원과 수분이 부족하게 되어 허기와 갈증을 느끼기 때문이다. 당뇨는 단 오줌이라는 뜻으로 질병의 결과로 드러나는 지표라면, 소갈은 질병으로 인해 몸이 반응하는 증상을 나타낸다.

몸에서 혈액 속 포도당수치인 혈당량은 일정한 값으로 유지되어야 하는데, 음식물 과다섭취 등의 이유로 혈당량이 필요 이상으로 높아지면 혈당량을 줄여야 한다. 그러려면 우선 포도당을 글리코겐으로 전환하는 인슐린이 잘 분비되어야 한다. 문제는 인슐린의 분비만으로 문제가 끝나지 않는 데 있다. 인슐린이 부족하지 않은 상태에서도 인슐린에 대한 혈당의 반응이 정상보다 낮은 상태가 되는 인슐린 저항성이 생기기도 한다.

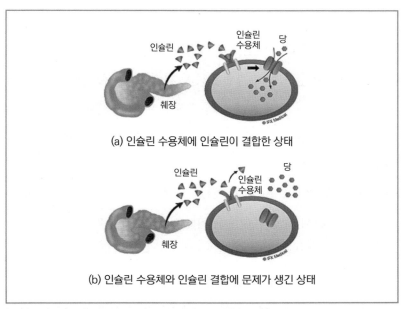

그림 2-1 췌장에서 분비된 인슐린의 세포 내 당흡수 제어

[그림 2-1]에서 보듯이 췌장pancreas에서 배출하는 인슐린이 세포 내 인슐린 수용체insulin receptor에 결합되면(a) 세포가 당glucose을 흡수한다. 그런데 인슐린 수용체의 수가 감소하거나 수용체 결합 후에 세포 내 결함이 생기면(b) 인슐린의 작용이 감소되어 이를 인슐린 저항성이라고 한다. 마치 자물쇠와 열쇠처럼 당의 출입구를 관리하는 인슐린 수용체와 인슐린이 출입문을 열지 못하는 모양이 된다. 이처럼 인슐린 감수성이 줄어들면 우리 몸은 인슐린을 무리하게 생산하다가 결국 항상성이 깨져서 인슐린의 생산마저 감소하는 상황에 이른다.[1]

식량공급은 유럽에서 먼저 안정되었다. 16세기 후반부터 아메리카에서 옥수수와 감자 등 신품종을 들여왔고, 운송수단이 발달했으며 강수량도 늘 일정한 기후 특성에다 근대국가의 성립으로 잉여식량의 분배가 효율적으로 이루어졌기 때문이다. 따라서 17세기 이후 유럽에서는 당뇨병이 광범위하게 퍼졌고, 이로 인해 인슐린 저항을 쉽게 일으키는 유전자를 가진 사람은 일찍 죽어서 후손을 남기지 못하는 비율이 높아졌다. 생존하는 사람은 당뇨병에 강한 유전자를 가진 비율이 높아지는 진화의 선택압력을 받은 셈이다. 유럽인과 유럽인의 후손인 아메리카 거주 백인이 비만 유무를 떠나 아시아계 인종에 비해 당뇨병에 덜 걸리는 이유다.[2]

20세기 후반부터 식량이 풍족해진 한국을 비롯해서 인도, 중국 등 아시아 국가에 당뇨병 환자가 특히 많은 이유는 인슐린 저항을 쉽게 일으키는 유전자에 진화의 선택압력이 작용했던 경험이 짧기 때문이다. 세계보건기구WHO에 따르면 전 세계 성인 당뇨병 환자는 4억 2,200만 명이고,[3] 이 중 서태평양과 동남아시아 및 동지중해 지역을 합친 아시아의 당뇨병 환자는 2억 7,000만 명으로 전 세계 당뇨병 환자의 64%에 달해, 아시아 인구가 세계에서 차지하는 인구 비율 60%보다 높다.

☀ 인슐린 추출

당뇨병의 영어 명칭인 'Diabetes Mellitus' 중 'Diabetes'는 그리스 어원으로 물이 흐르는 관을 뜻한다. 마치 관을 통해 물이 흐르듯이 소변을 자주 보는 증상을 나타내는 표현으로 기원후 1세기경 소아시아 지역 카파도키아에 살았던 아레테우스Aretaeus of Cappadocia[4]가 처음 사용했다고 전해진다. 여기에다 17세기 영국 의사였던 윌리스Thomas Willis, 1621~1675는 단맛이 나는 현상을 설명하기 위하여 '꿀의, 달콤한' 등의 뜻을 가진 라틴어 'Mellitus'를 덧붙였다.

췌장을 떼어 낸 개의 소변에 파리가 모여드는 현상에서 찾아낸 췌장과 당뇨병의 연관관계는 메링Joseph von Mering, 1849~1908과 민코프스키Oskar Minkowski, 1858~1931가 1890년에 발표했다.[5] 그 후 췌장에 대한 상세한 연구를 진행한 메이어Jean de Meyer, 1878~1934가 1909년에 췌장의 내분비조직인 랑게르한스섬islets of Langerhans에서 분비되는 물질이 당뇨병과 연관이 있다고 해서 섬이라는 뜻의 라틴어 'insula'에서 'insulin'이라는 이름을 제안했다.

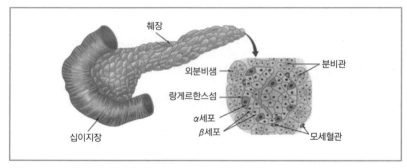

그림 2-2 췌장과 랑게르한스섬

당시에 이 제안은 별 반응이 없다가 역시 췌장 연구를 하던 샤피셰이퍼Edward Albert Sharpey-Schafer, 1850~1935가 1916년에 다시 사용한 뒤 널리 받아들여졌다. 췌장 내의 섬 조직은 1869년에 독일의 랑게르한스Paul Langerhans, 1847~1888가 논문6에서 발표했으므로, 프랑스 조직학자 라구에스Gustave-Édouard Laguesse, 1861~1927가 1893년에 최초 발견자의 이름을 따서 랑게르한스섬이란 이름을 붙인 바 있다. 랑게르한스섬의 65~80%를 차지하는 β세포에서 인슐린을 생산하며, 15~20%를 차지하는 α세포는 글루카곤을 생산한다.

다음은 인슐린을 분리해 낼 차례였다. 여러 연구 그룹이 췌장, 구체적으로 랑게르한스섬의 β세포에서 분비되는 혈당량 조절물질을 추출하는 경쟁에 뛰어들었지만, 최초로 성공을 거둔 사람은 캐나다의 젊은 의사 밴팅Frederick Grant Banting, 1891~1941이었다. 췌장에서는 분비관을 갖춘 외분비샘에서 단백질을 소화하는 트립신이 함께 분비되므로, 단백질계 호르몬인 인슐린을 트립신이 분해하지 못하도록 분비관을 차단하는 조치를 취한 것이 성공요인이었다.

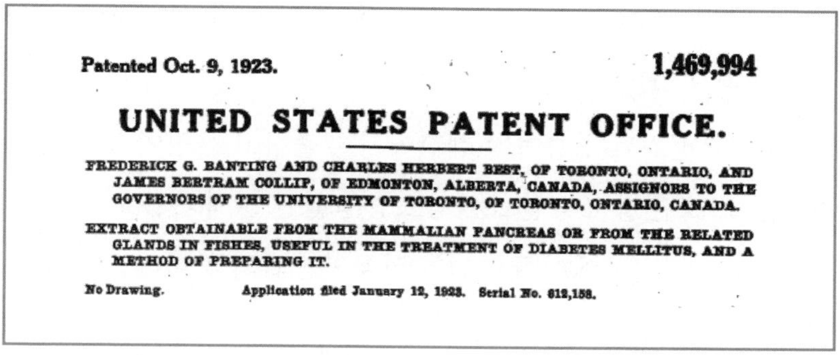

Patented Oct. 9, 1923.   **1,469,994**

UNITED STATES PATENT OFFICE.

FREDERICK G. BANTING AND CHARLES HERBERT BEST, OF TORONTO, ONTARIO, AND
JAMES BERTRAM COLLIP, OF EDMONTON, ALBERTA, CANADA, ASSIGNORS TO THE
GOVERNORS OF THE UNIVERSITY OF TORONTO, OF TORONTO, ONTARIO, CANADA.

EXTRACT OBTAINABLE FROM THE MAMMALIAN PANCREAS OR FROM THE RELATED
GLANDS IN FISHES, USEFUL IN THE TREATMENT OF DIABETES MELLITUS, AND A
METHOD OF PREPARING IT.

No Drawing.   Application filed January 12, 1923.   Serial No. 612,158.

그림 2-3 밴팅, 베스트, 콜립이 발명자로 기재되고 토론토대학에 양도된 인슐린 추출 미국 특허

개를 통한 실험에 이어 어린 송아지의 췌장을 사용하고부터는 인슐린 추출량도 획기적으로 늘릴 수 있었다. 밴팅은 실험과정에서 토론토대학의 매클라우드John James Rickard Macleod, 1876~1935 교수와 학생이었던 베스트Charles Herbert Best, 1899~1978의 도움을 받았다. 하지만 그는 실험을 함께했던 베스트와는 연구 업적도 나누려 한 반면에, 이론적 도움을 준 매클라우드에게는 무임승차자라는 비난을 하며 반목했다. 밴팅은 매클라우드와 함께 '인슐린의 발견'으로 1923년 노벨 생리의학상을 수상했다. 밴팅은 인슐린 발견이 자신과 베스트의 공로라며 노벨상 상금 절반을 베스트에게 나누어 주기도 했다.

밴팅은 특허를 출원하였고, 공동 발명자로 베스트와 함께 추출된 인슐린을 정제하는 작업을 도운 콜립James Bertram Collip, 1892~1965의 이름도 올렸다. 밴팅은 토론토대학에 형식적인 금액 1달러만 받고 특허를 양도하였고, 이에 대한 보답으로 토론토대에서는 '밴팅

과 베스트 의학연구소'를 설립했다. 밴팅과 베스트는 차례로 연구소의 소장을 맡았다.

밴팅과 베스트가 송아지 췌장에서 추출하고 콜립이 정제한 인슐린은 1922년 당시 심한 소아당뇨병을 앓던 14세의 톰프슨Leonard Thompson, 1908~1935에게 투여되어 성공적인 효과를 나타냈다. 톰프슨은 27세에 폐렴으로 사망할 때까지 13년을 더 살았다. 밴팅에게는 행운도 따랐다. 소아당뇨병은 인슐린을 생산하지 못하거나 극히 소량만 생산하는 제1형 당뇨병이어서 인슐린 투여로 치료효과를 볼 수 있었다. 만약 밴팅이 인슐린 저항성 증가가 원인인 제2형 당뇨병 환자를 대상으로 인슐린을 투여했다면 효과를 보지 못했을 수도 있다. 당시에는 당뇨병이 제1형과 제2형으로 구분된다는 것을 알지 못하던 때였다.

당뇨병을 인슐린 의존 여부에 따라 제1형과 제2형으로 나누게 된 것은 1936년 의학 학술지 《랜싯The Lancet》에 발표된 해럴드 힘스워스Harold Percival Himsworth, 1905~1993의 분류 이후였다. 로절린 앨로Rosalyn Sussman Yalow, 1921~2011와 솔로몬 버슨Solomon Aaron Berson, 1918~1972은 인체에 인슐린이 투여되면 항체를 형성한다는 사실을 확인하고, 극소량 존재하는 항체의 양을 측정하는 방사선면역측정법을 발견하였다. 앨로는 버슨이 사망한 이후인 1977년에 노벨 생리의학상을 받았다. 펩타이드 호르몬의 면역정량방법 개발이 수상 이유였다.

제1형 당뇨병 환자인 경우 하루 한두 번의 주사보다는 소량의

그림 2-4 아널드 카디시가 발명한 인슐린 펌프

인슐린을 지속적으로 투여하는 방법이 더 유리하다. 건강한 사람의 췌장이 하루 종일 인슐린을 분비하듯이 일정한 양을 공급하고 식사 직후 등 혈당 수치가 급격히 변할 수 있는 상황이 발생했을 때는 추가로 더 많은 양을 공급할 수 있으면 더욱 좋다. 인슐린 펌프insulin pump가 개발된 배경이다. 아널드 카디시Arnold H. Kadish가 배낭 크기의 인슐린 펌프를 1963년에 발명[7]했고, 세그웨이Segway로 유명한 딘 카멘Dean L. Kamen, 1951~이 실용가능한 모델을 1973년에 개발해 1976년부터는 상업화된 제품이 출시되었다. 현재는 휴대전화 크기로 작아져서 옷 속에 착용하고 주삿바늘을 아랫배 피하에 꽂아 사용할 수 있다.

☀ 인슐린 합성

동물의 췌장에서 추출할 수 있는 인슐린의 양은 너무 소량이고, 환자는 많았기 때문에 인슐린은 구하기 어렵고 비싼 치료제였다. 다음은 인슐린을 합성해 낼 차례고, 합성하려면 인슐린의 구조를 정확히 알아야 한다. 인슐린은 단백질계 호르몬이므로 여러 개의 아미노산이 서로 연결되어 있는 구조로, 정확하게는 51개의 아미노산이 서로 연결되어 있다. 인슐린의 아미노산 51개가 서로 연결된 정확한 형태를 규명하여 인슐린 합성의 기반을 닦은 사람은 생어Frederick Sanger, 1918~2013였다. 생어는 이 공로로 1958년 노벨 화학상을 수상했고, DNA의 염기 해석법을 연구하여 1980년에 화학상을 한 번 더 받았다. 바딘이 노벨 물리학상을 두 번 받은 유일한 물리학자듯, 생

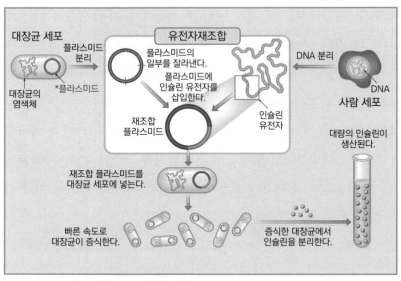

그림 2-5 유전자재조합 기술을 이용한 인슐린 생산

어는 노벨 화학상을 두 번 수상한 유일한 화학자다.

　유전자재조합 기술로 제한효소를 이용하면 DNA 조각을 다른 DNA에 삽입한 재조합 DNA를 만들 수 있다. 세균의 세포 내에 복제되어 독자적으로 증식할 수 있는 고리 모양의 DNA 분자인 플라스미드plasmid8에도 DNA 조각을 끼워 넣은 재조합 DNA를 만드는 것이 가능하다. 플라스미드에 인슐린 분비 유전자 조각 DNA를 삽입한 재조합 DNA를 대장균 세포 안으로 넣어 배양하면, 분열시간이 평균 30분에 불과한 대장균은 하룻밤 사이에 몇 백만 배로 증식한다. 대장균은 인슐린 분비 유전자를 가지고 있으므로 증식한 대장균에서 인슐린을 분리한다.

　"세포성장을 촉진하는 성장인자의 발견"으로 1986년 노벨 생리의학상을 수상한 코언Stanley Cohen, 1922~과 함께 유전자재조합과 그 형질전환에 관한 특허를 출원한 보이어Herbert Wayne Boyer, 1936~는

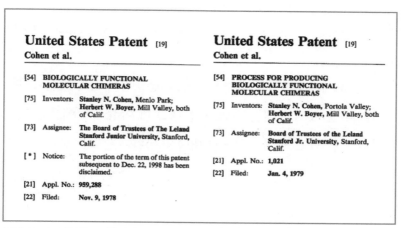

그림 2-6 코언과 보이어가 공동 출원한 유전자재조합 기술 특허

그림 2-7 세계 당뇨병의 날 기념 상징 블루 서클

제넨테크Genentech를 설립했다. 제넨테크는 유전자재조합 대장균을 발효조로 대량 배양하고 인슐린을 분리하여 1982년에 의약품 승인을 받았다. 최초로 생명공학 약제를 상용화한 사례다.

세계보건기구는 1991년에 세계당뇨병연맹과 공동으로 당뇨병에 대한 세계인의 의식고취를 위해 밴팅의 생일인 11월 14일을 세계 당뇨병의 날로 정했다. 2006년에는 유엔에서 각국 정부에 당뇨병의 예방과 치료를 위한 범국가적인 정책시행을 촉구하는 결의안을 채택하면서 블루 서클이라는 당뇨병의 날 기념 상징도 제정하였다.

유엔과 세계보건기구가 나설 정도로 당뇨병이 심각한 문제라는 이야기다. 인류의 미래를 위해 이 문제를 더 이상 개인에게만 맡겨두어서는 안 되고 국가 차원에서 대책을 세워야 한다는 촉구이기도 하다.

말라리아와 티푸스 매개체의 살충제, DDT

염료 DDT의 살충제 용도 발견과 1948년 노벨 생리의학상 수상자 뮐러

☀ 칵테일

열대지방에서 빈발하던 말라리아의 예방과 치료에는 오래전부터 경험적으로 남아메리카 원산의 기나나무quinine tree 껍질이 쓰였다. 기나나무 껍질은 말라리아뿐 아니라 고열에도 효과가 있어서 해열제로도 널리 알려져 있다. 그러다가 프랑스 의학자 펠레티에Pierre Joseph Pelletier, 1788~1842와 카방투Joseph Bienaimé Caventou, 1795~1877가 기나나무 껍질에서 1820년 퀴닌을 추출했다.

이후 인도에 주둔했던 영국군 장교가 말라리아 예방을 위해 부대원에게 토닉워터에 퀴닌을 섞어 마시도록 했고, 쓴맛을 싫어하는 부하들을 위해 진을 섞어 진토닉을 만들자 인도 전역의 영국군 주둔부대로 퍼져 나갔다. 해열치료용 약제 수요에 더해 말라리아 예방용 음료에다, 칵테일로 진토닉 자체를 즐기는 사람까지 생겨나는

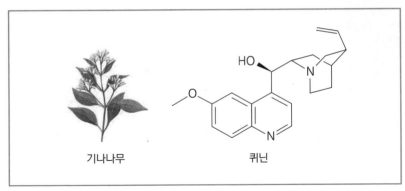

기나나무   퀴닌

그림 3-1 기나나무와 퀴닌

바람에 퀴닌의 공급은 늘 부족했다.

💡 퀴닌 합성 연구

영국의 퍼킨William Henry Perkin, 1838~1907이 1856년에 퀴닌 합성을
시도한 이유도 이런 상황을 기반으로 한 것이다. 그런데 퍼킨은 퀴
닌 합성에는 성공하지 못하고 연한 자줏빛의 염료인 모브mauve[1]를
얻었다. 콜타르에서 유래한 최초의 유기합성 염료였는데 퍼킨은 염
료 모브에서 약제 퀴닌 못지않은 상업적 성공 가능성을 발견한다.
퍼킨은 불과 18세의 나이에 염료 특허를 출원[2]하고 사업에도 나서
서 염료공장을 세워 크게 성공했으며, 부자가 되어 은퇴한 뒤에도
화학합성 연구를 계속했다.

퍼킨은 성공하지 못했지만 퀴닌 합성 연구는 그 뒤로도 계속되
어 마침내 제2차 세계대전 중에 미국의 로버트 우드워드Robert Burns

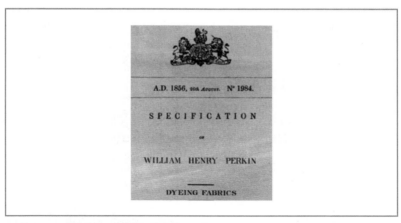

그림 3-2 퍼킨의 모브 특허 명세서 표지

Woodward, 1917~1979가 합성했다. 이 공로를 포함해 '유기합성 기술의 뛰어난 공로'로 우드워드는 1965년에 노벨 화학상을 받았는데 퍼킨의 노력 이후 100여 년 만에 이룬 개가였다.

퍼킨 이후 콜타르에서 염료를 추출하는 연구도 활발해졌으며, 당시 콜타르에서 뽑아낸 염료 중 가장 유명한 것은 쪽빛 염료인 인디고indigo였다. 독일의 아돌프 폰 바이어Johann Friedrich Wilhelm Adolf von Baeyer, 1835~1917가 천연식물 쪽*Persicaria tinctoria*의 푸른빛 합성에 성공했으니, 이는 그동안 인도의 식량용 곡물재배에 쓰여야 할 들판에 재배하던 쪽을 대체하는 성과를 내었다. 인디고의 합성에 1905년 노벨 화학상이 수여된 데는 이러한 배경도 작용했음이 수상자 선정 이유[3]에서 공개되었다.

제1차 세계대전 이후 프랑스령이 되었지만 아돌프 폰 바이어가 근무하던 1874년에는 독일에 속했던 슈트라스부르크대학의 학생

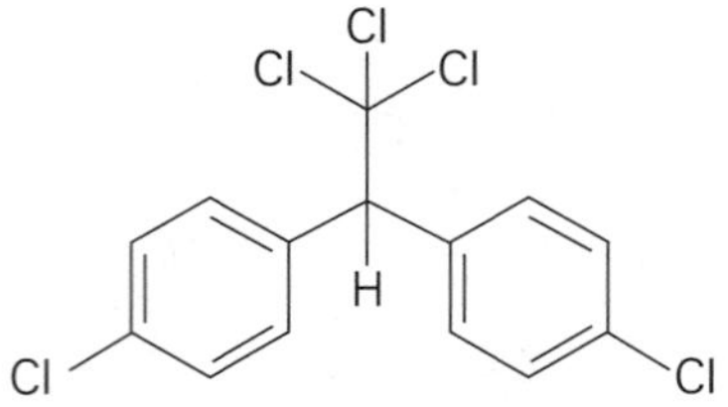

다이클로로다이페닐트라이클로로에테인

그림 3-3 DDT의 구조

중에는 새로운 염료dichloro-diphenyl-trichloroethane를 합성한 자이들러 Othmar Zeidler, 1850~1911도 있었다. DDT라는 약칭으로 더 유명한 이 합성물질은, 그러나 자이들러가 합성하고 논문으로 발표한 뒤[4] 한동안 잊혀져 있었다.

말라리아 연구

말라리아 치료제인 퀴닌을 합성하려는 시도가 계속되는 동안, 말라리아의 원인을 밝히려는 노력도 계속되었다. 프랑스 육군 소속 외과의사 라브랑Charles-Louis Alphonse Laveran, 1845~1922은 말라리아 환자의 적혈구에서 발견되는 검은 입자인 멜라닌에서 말라리아 원충을 발견했다. 이 발견과 관련된 후속 연구로 라브랑은 '질병유발 원생동물의 습성 발견'에 대한 공로를 인정받아 1907년 노벨 생리의학상 수상자가 되었다. 그만큼 말라리아는 절박한 문제였다.

그렇지만 라브랑의 발견은 말라리아 원충이 어떤 경로로 인간에게 전파되는지를 밝히지는 못했다. 라틴어 'malus(나쁜)'와 'aria(공기)'의 합성어인 말라리아의 어원처럼 열대지방 습지의 나쁜 공기에서 오는 풍토병일 수도 있었기 때문이다. 모기의 위벽에서 말라리아 원충을 발견하고 인간에게 침투하는 과정까지 밝혀낸 사람은 영국의 세균학자 로스Ronald Ross, 1857~1932였다.

모기의 위벽 안에서 포자를 형성하는 유성생식과 개체수를 늘리는 무성생식을 하는 말라리아 원충은 모기가 사람의 피를 빨 때 모기의 침을 통해서 사람에게 옮겨 간다. 사람에게 전염된 원충은 간세포와 적혈구에서 다시 무성생식을 하면서 적혈구를 파괴한다. 로스는 라브랑보다 빠른 1902년에 '말라리아의 생체침투법 발견으로 말라리아 치료법 연구의 초석을 마련한 공로'가 인정되어 노벨 생리의학상을 받았다. 그러나 노벨상 수상 이유에 언급되었듯이 로스도 말라리아를 퇴치하는 근본적인 방책은 세우지 못했다. 여전히 말라리아에 걸리지 않으려면 모기에 물리지 않도록 주의하고, 혹시 모기에 물리면 퀴닌을 처방하는 수밖에 없었다.

말라리아균은 세균bacteria이므로 감염되었다면 항생제로 치료해야 하는데 당시는 항생제가 발견1928되기 전이었으므로, 말라리아 백신 제조를 시도해 보는 과학자도 있었다. 그런데 엉뚱하게도 말라리아균을 약화시켜 주입한 방법은 노벨상에 빛나는 마비성 치매 치료방법이 되기도 했다. 매독을 치료할 수 있는 항생제가 없던 1910년대에 신경매독으로 인한 마비성 치매 환자에게 약화시킨 말라리아 감염균을 주입한 오스트리아 신경병리학자 바그너-야우레

크Julius Wagner-Jauregg, 1857~1940는 1927년 노벨 생리의학상을 수상했다. 수상 이유는 "마비성 치매의 치료에서 말라리아 접종법의 가치에 대한 연구"였다. 하지만 실제 말라리아균 주입으로 치매가 치료되는 임상비율은 30% 정도였다고 한다.

물론 현재는 사용되지 않는다. 정신병 치료를 위해 포르투갈의 에가스 모니스Egas Moniz, 1874~1955가 연구한 전두엽절제술1949년 노벨 생리의학상과 함께 많은 얘깃거리를 남긴 노벨상 수상사례다. 항말라리아 약물인 피리메타민은 1950년에 미국의 히칭스George Herbert Hitchings, 1905~1998가 개발하여 1988년 노벨 생리의학상을 수상했다.

🔆 발진티푸스 연구

주로 열대지방이나 아열대지방에서만 발생하는 말라리아와 달리 발진티푸스는 전쟁이나 기아 상황에서 생겨나 엄청난 인명피해를 냈다. 17세기 초 지금의 독일 지역인 신성로마제국에서 벌어진 30년전쟁, 19세기 초 나폴레옹의 러시아 침략전쟁 그리고 20세기 초 제1차 세계대전은 전투로 인한 사망자보다 발진티푸스 사망자가 더 많았다는 기록을 남길 정도로 발진티푸스는 무서운 질병이다.

1903년부터 튀니지의 수도 튀니스에 있는 파스퇴르연구소 소장을 지낸 프랑스의 세균학자 샤를 니콜Charles Jules Henri Nicolle, 1866~1936은, 발진티푸스 환자들을 씻기고 깨끗한 옷으로 갈아입히면 더 이상 다른 사람을 감염시키지 않는다는 사실을 알아냈다. 이러한 사실로부터 환자의 몸이나 옷에 살고 있는 이louse가 전염 요인임을 유추할 수 있었고, 마침내 1909년 발진티푸스에 감염된 원숭이를 문 이가 건강한 동물에 감염을 일으키는 현상을 발견하였다. 여기에 더해 회복기에 접어든 발진티푸스 환자의 혈청으로 예방접종을 하는 연구까지 수행하여 발진티푸스 퇴치에 큰 공헌을 했다.

1928년의 노벨 생리의학상이 '발진티푸스 연구' 업적으로 샤를 니콜에게 돌아갔지만 여전히 발진티푸스는 전쟁과 기아를 따라다녔다. 샤를 니콜의 발진티푸스 원인균 발견 이후에도 이를 제거하는 방법을 찾지 못해, 그 뒤 벌어진 제1차 세계대전에서 러시아에서만 300만 명을 죽음으로 몰고 가는 비극이 계속되었다. 그때까지만 해도 매년 3억 명이 여전히 말라리아에 걸리고 그중 최소 300만 명이 사망했다. 결국 말라리아와 발진티푸스에 걸리지 않으려면 모기와 이를 제거해야 했다.

☀ DDT의 용도발명 특허

스위스의 가이기J. R. Geigy Ltd에서 식물 보호용 살충제를 연구하고 있던 파울 뮐러Paul Hermann Müller, 1899~1965는 염료로 개발된 DDT가 파리, 콜로라도감자잎벌레, 모기뿐 아니라 벼룩이나 이에도 살충 효과가 있는 것을 확인하였다. 파울 뮐러는 1925년부터 10여 년간 염료 연구를 하였고, 그 뒤로도 4년 동안 349번의 실패를 반복한 끝에 자이들러가 합성한 DDT에서 살충 성능을 발견했다. 그때가

그림 3-4 뮐러가 살충제 용도로 특허 청구한 DDT 특허

1939년 9월[5]이다. 퍼킨은 말라리아 치료제를 합성하려다 염료를 개발했는데, 뮐러는 거꾸로 염료에서 말라리아 숙주의 살충제를 발견했다.

뮐러가 한 일은 정확히 말하면 자이들러가 발명한 DDT의 용도를 새롭게 발견한 것이었다. 뮐러는 이미 있는 물질인 DDT의 새로운 쓰임새인 살충제 용도를 특허[6]로 출원하여 등록받았다. DDT라는 약칭은 가이기에서 5%와 3% 희석 살충제를 대량 공급한 뒤에 영국에서 붙인 이름이고, 가이기는 DDT의 성공 후 여러 회사를 사들여 지금은 세계적인 제약회사인 노바티스가 되었다.

사실상 '발견'으로 볼 수 있는 용도발명이 특허를 받으려면 그 특정 속성의 발견과 용도의 이용에 창작적 인과관계가 성립되어야 한다. 뮐러는 수백 번의 실험을 거쳐 살충제의 특성을 연구하였고, 포유류에는 괜찮지만 절지동물에만 치명적인 독성을 가지는 물질을 찾아나서서 오랜 기간 잊혀졌던 DDT를 재발견했다. 그는 이 과

정을 통해 DDT를 살충제 용도로 이용하기 위한 창작적 인과관계를 충분히 증명할 수 있었다. 1948년 스웨덴 카롤린스카연구소는 'DDT의 효과, 특히 절지동물에 대한 접촉성 살충 효과 발견'에 대한 공로로 파울 뮐러에게 생리의학상을 수여하였다. 용도의 발견으로 특허를 받아 기업이 성장하고 과학자는 노벨상까지 받은 특이한 사례다.

☀ DDT 그 후

DDT의 살충 효과는 획기적이어서 말라리아는 물론이고, 제2차 세계대전 종전 전후에 발병한 티푸스 퇴치에도 기여하여 인류에게 큰 축복처럼 여겨졌다. 심지어 1940년대 미국에서는 미키 슬림이라는 이름으로 DDT와 진을 혼합한 칵테일이 만들어지기도 했다. 진토닉에 이어 말라리아 예방 역할을 한다고 알려진 두 번째 칵테일인 셈이다.

DDT는 가격이 쌌을 뿐 아니라 제조방법도 간단하였으며, 무엇보다 한 번 뿌리면 그 표면이 몇 달 동안 살충 효과가 지속되었다. 그러나 바로 그 지속성으로 인한 잔류독성 때문에 생태계 파괴가 문제가 되기 시작했다. 급기야 1962년에 레이철 카슨Rachel Carson, 1907~1964이 환경운동에 큰 영향을 끼친 명저《침묵의 봄Silent Spring》에서 DDT가 먹이사슬을 통해 우리 몸에 축적된다는 끔찍한 결과를 경고하였다.

그림 3-5 만병통치약이라고 홍보하던 DDT

DDT는 들판에 뿌려지면 먼저 곤충이 죽고, 이 곤충을 먹은 새들의 몸에 DDT가 축적된다. 물에도 말라리아 유충을 죽이기 위해 DDT를 뿌렸으며 이로 인해 물고기 몸속에 DDT가 쌓인다. DDT가 묻은 풀을 먹은 가축의 몸에도 DDT가 흡수되어, 달걀이나 우유 또는 고기에도 DDT가 포함되어 있다. 먹은 사람뿐만 아니라 모체를 통해 혹은 모유수유를 통해 자식에까지 축적이 이어져, 결국 미국에서는 1972년부터 사용이 중지되었고 한국에서도 1979년부터 금지된 살충제가 되었다.

우리 「특허법」은 발명은 자연법칙을 이용한 기술적 사상의 창작으로서 고도한 것이라고 정의하고 있다. 이러한 발명을 보호, 장려하고 그 이용을 도모함으로써 기술의 발전을 촉진하여 산업발전에 이바지하는 것이 국가가 특허제도를 두는 목적이다. 이처럼 발명은 무엇인가 새로운 것이어야 하고, 새로움에 더해 유용함이 있어야 하는 것이다.

다른 사람이 이미 만들었지만 별 쓰임새를 찾지 못한 채로 남아 있던 것의 유용성을 새롭게 찾아낸 용도발명은, 결국 원래 있던 것의 단순한 발견이어서 특허 대상 여부를 놓고 다툼이 생기기도 한다. 하지만 새로운 물질의 발명 못지않게 기존의 물질에 대한 새로운 용도를 발견하는 것도 중요한 일이어서 각국의 「특허법」은 용도발명을 특허 대상으로 인정한다. 용도발명은 주로 의약을 중심으로 활발히 특허 출원이 이어지고 있으며, 최근의 예로는 협심증 치료제로 연구하던 실데나필을 발기부전 치료제로 개발한 비아그라가 있다.

새로운 속성의 발견과 그 용도의 이용에 창작적 인과관계가 성립되었다고 인정받으려면 수백 번의 실험을 반복할 수 있는 끈기와 인내가 있어야 한다. 다만, 그러한 끈기 못지않게 중요한 것은 새로운 발명이 가져오는 효과에 부수되는 부작용이 없는지도 함께 살필 수 있는 지혜다.

04
세균 감염을 치료하는 항생제
페니실린의 발견과 1945년 노벨 생리의학상 수상자 플레밍

💡 결핵의 예방

인류는 오랫동안 결핵[1]으로 고통받아 왔지만 결핵으로 나타나는 증세가 워낙 다양해서 하나의 질병으로 인식하지 못했다. 그러다가 1839년에 독일의 의학교수인 쇤라인Johann Lukas Schönlein, 1793~1864이 결핵을 질병으로 규명했고 폐 등에 생긴 결절이라는 뜻의 'tubercle'과 상태라는 뜻을 가진 '-osis'를 합쳐 결핵tuberculosis이라는 병명을 붙였다.

이후로도 결핵의 원인이 세균 감염인지 여부를 놓고 논쟁을 이어 오다가 1882년에 코흐Heinrich Hermann Robert Koch, 1843~1910가 세균임을 밝혀낸다. 이후 코흐는 1890년에 결핵균에서 글리세린 추출에 성공해서 투베르쿨린tuberculin이라 이름 짓고 결핵치료제로 사용하려고 시도했다. 투베르쿨린은 치료 효과가 없었지만 투베르쿨린

반응을 통해 결핵진단용 시약으로는 널리 사용되었다. 코흐의 결핵 연구에 대한 공로는 1905년 노벨 생리의학상 수상으로 보답받았다.

코흐가 결핵균을 밝혀낸 뒤에는 백신 연구와 치료제 연구가 진행되었고, 이 중 먼저 백신 연구에서 성과가 있었다. 프랑스의 칼메트Léon Charles Albert Calmette, 1863~1933와 게랭Jean-Marie Camille Guérin, 1872~1961은 1906년 면역균을 발견하여 자신들의 이름을 딴 백신인 칼메트-게랭 균BCG: Bacillus Calmette-Guérin을 만들었다. 이후 프랑스에서는 1921년부터 칼메트가 사망한 1933년까지 사람을 대상으로 한 백신접종의 효과를 분석하였으며,[2] 그 결과 효과와 안전성을 인정받아 제2차 세계대전 이후로는 전 세계로 접종이 확대되었다.

☀ 치료제 연구

코흐는 1891년 감염병연구소[3] 소장으로 취임하면서 색소를 이용한 특정 조직의 염색 연구에 몰두하던 에를리히Paul Ehrlich, 1854~1915를 합류시켰다. 조직을 염색하면 그 조직에 영향을 미치는 세균이 특이하게 염색된다는 사실로부터, 특정 색으로 염색된 세균만 골라서 그 색을 가지는 염료로 공격할 수 있을 것이라는 기대가 있었기 때문이다. 에를리히는 염색방법을 통해서 특정 세균만을 선택적으로 제거할 수 있다는 이른바 마법의 탄환이론을 제시하였고 화학요법을 탐구하여 면역을 연구한 공로로 1908년에 노벨 생리의학상을 받았다. 마법의 탄환처럼 백발백중이면서 병원균만 제

그림 4-1 살바르산 광고

거하는 화학물질로 감염병을 치료하는 새로운 치료법에 화학요법 chemotherapy이라는 이름을 붙인 사람도 에를리히였다.

에를리히는 노벨상을 받은 뒤에도 연구를 계속하여 1909년에는 매독 치료제인 비소 화합물 아르스페나민의 합성에 성공한다. 606번째의 유기비소 합성 실험에서 성공했다고 해서 합성물 606으로도 알려진 이 치료제는 1910년에 독일 횔스트에서 살바르산이라는 상표명으로 판매했다. DDT 개발에서 본 바와 같이 신경매독에 의한 마비성 치매를 치료하기 위해 말라리아에 감염시키는 방법까지 동원해야 했던 당시에, 살바르산은 기존의 매독치료제였던 수은염보다 훨씬 효과적이었다. 다만, 살바르산은 독성을 가진 비소 화합물로 모든 세균을 제거했기 때문에, 특정 세균을 골라 죽이는 마법의 탄환과는 거리가 있었다.

독일의 바이엘도 세균학자이자 병리학자인 게르하르트 도마크

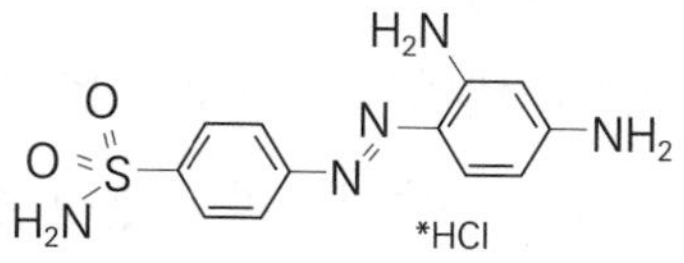

그림 4-2 프론토실의 구조식

Gerhard Johannes Paul Domagk, 1895~1964와 협력하여 새로운 항균물질을 연구했다. 그 결과물은 프론토실이라는 화합물 항균제로, 바이엘에서 개발해서 화농성 질환에 쓰이던 항균제인 술폰아미드와 염료로 쓰이던 아조 화합물의 합성물이다. 1932년에 그 효과가 확인된 프론토실은 여러 종류의 감염증을 일으키는 연쇄상구균을 제거하는 데 효과가 있었다.

도마크는 1935년까지 관련 논문을 발표하지 않았는데 프론토실과 그 치료방법에 대해서 독일 등에 특허를 출원했기 때문에 특허가 공개될 때까지 기술 발표를 늦춘 것이다. 그러나 술폰아미드가 이미 1908년에 오스트리아 화학자인 겔모Paul Gelmo에 의해 염료 중간체로 합성된 사실이 밝혀져서 특허 등록에는 실패했다. 특허 문제가 없다는 사실이 알려지자 수많은 제약회사들이 1930년대 후반부터 1940년대 초반까지 술폰계 화학 항균제 개발에 뛰어들어 5,000종이 넘는 항균제가 개발되었고, 그중 20여 종이 약효를 인정받았다.

도마크는 1933년 자신의 4살 된 딸이 염증으로 팔을 절단할 위기에 처했을 때 프론토실로 치료하였고, 1936년에는 프론토실 효과가 미국에도 알려져 루즈벨트 대통령의 아들인 루즈벨트 주니어의 생명을 구하기도 했다. 이러한 공로로 도마크는 1939년 노벨 생리의학상 수상자로 발표되지만 나치가 노벨상 수상을 허가하지 않아서 전쟁이 끝난 뒤인 1947년에야 메달을 받았다.

☼ 유기체 기원 항생제의 발견

살바르산이나 프론토실처럼 세균을 죽이거나 그 성장을 억제하는 물질을 항생물질이라고 한다. 항생물질은 화학합성으로도 만들지만 살아 있는 유기체인 미생물에서 추출하기도 하며, 특히 균류에서 채취한 항생물질은 마이신이라고 한다. 자연계에 존재하던 항생물질을 최초로 발견한 사람은 플레밍Alexander Fleming, 1881~1955으로, 최초의 천연 항생제를 푸른곰팡이Penicillium notatum에서 얻었기 때문에 페니실린penicillin이라는 이름을 붙였다. 플레밍이 페니실린

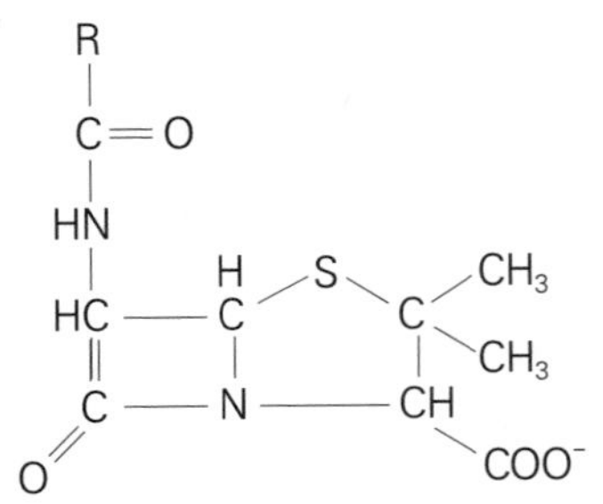

그림 4-3 페니실린의 구조식

2,442,141

METHOD FOR PRODUCTION OF PENICILLIN

Andrew J. Moyer, Peoria, Ill., assignor to United States of America as represented by the Secretary of Agriculture

No Drawing. Application May 11, 1945, Serial No. 593,183

9 Claims. (Cl. 195—36)

(Granted under the act of March 3, 1883, as amended April 30, 1928; 370 O. G. 757)

그림 4-4 화이자의 페니실린 대량 생산방법 특허

을 발견한 때는 1928년으로 프론토실의 효과를 확인한 때보다 빨랐지만, 이를 세균 감염 치료제가 아니라 소독제로 생각하고 연구를 더 이상 하지 않는 바람에 오랫동안 잊혀진 상태였다.

그러다가 나치를 피해 영국으로 이주해 옥스퍼드대학에서 연구하던 생화학자인 체인Ernst Boris Chain, 1906~1979과 역시 옥스퍼드에서 병리학을 연구하던 오스트레일리아 출신의 플로리Howard Walter Florey, 1898~1968가 미생물 생성 항생제 연구를 하면서 페니실린을 선택하였다. 이들이 페니실린을 정제하고, 화학성분을 규명하였으며 동물실험을 통해 독성과 체내 파괴 여부 등을 확인한 결과, 마침내 1941년에 환자에게 페니실린을 투여했다. 페니실린은 패혈증, 뇌막염, 괴저병, 폐렴, 매독을 비롯한 성병에 효과를 나타냈고, 이때부터 매독 치료제 살바르산도 페니실린으로 대체되었다.

체인과 플로리의 연구가 성공했지만 페니실린의 양산은 쉽지 않았다. 양산에 성공한 제약회사는 미국의 화이자였다. 1941년에 발표된 플로리와 체인의 연구결과를 확인한 화이자 경영진의 결단으로, 3년 동안 회사의 자원을 페니실린 제조에 우선 투자[4]한 끝에 얻은 결과였다. 1944년의 노르망디 상륙작전에는 페니실린도 동참하였는데, 이때 미군이 공급한 페니실린의 90%는 화이자가 생산한 제품이었다. 플레밍과 체인, 플로리는 감염성 질환에 대한 페니실린의 효과에 관한 연구로 제2차 세계대전이 종전한 1945년에 노벨 생리의학상을 공동 수상하였다.

☀ 결핵균 항생제인 스트렙토마이신

페니실린에도 한계가 있었는데, 결핵균에는 효과가 없었다. 플레밍이 포도상구균의 화농성 세균을 실험하는 과정에서 배양접시를 오염시킨 곰팡이에서 페니실린을 우연히 발견한 것에 비하면, 결핵균을 잡는 항생제는 집념과 끈기의 결과물이다. 미국의 왁스먼 Selman A. Waksman, 1888~1973은 대규모 연구진을 이끌고 오랜 기간 체계적으로 실험을 진행하여 연쇄상구균strepto으로부터 항생제mycin인 스트렙토마이신streptomycin을 분리해 냈다.

결핵으로 사망한 환자를 땅에 묻으면 결핵균이 더 이상 생존하지 못한다는 것에서부터 결핵균이 땅속에서 빠르게 파괴된다는 사실이 이미 알려져 있었다. 때문에 1932년 미국결핵협회가 농학과 생화학을 전공한 왁스먼에게 관련 연구를 의뢰했다. 왁스먼은 다양한 토양미생물이 서로를 파괴하기 위해 생성하는 물질에 대해 연구했고, 구체적으로는 여러 종류의 흙을 채취하여 각각의 흙에서 다

2,449,866

STREPTOMYCIN AND PROCESS OF PREPARATION

Selman A. Waksman, New Brunswick, and Albert Schatz, Passaic, N. J., assignors to Rutgers Research and Endowment Foundation, a nonprofit corporation of New Jersey

No Drawing. Application February 9, 1945, Serial No. 577,136

13 Claims. (Cl. 260—236.5)

그림 4-5 왁스먼의 스트렙토마이신 특허

양한 미생물을 얻은 다음 그로부터 만들어진 물질에서 항생제를 찾는 작업을 반복했다.

수많은 미생물 실험을 거친 뒤인 1945년에 왁스먼이 찾아낸 미생물은 뜻밖에도 그 자신이 이미 1915년에 토양에서 분리해 냈던 방선균*Actinomyces griseus*이었다. 방선균은 실 모양의 세균으로 곰팡이와 비슷하게 생긴 균이다. 왁스먼은 자신이 추출한 스트렙토마이신과 그 제조방법을 특허로 등록하였고, 특허료 수입으로 모교이자 자신이 교수로 재직하고 있던 럿거스대학에 왁스먼미생물연구소를 설립하여 미생물 연구를 계속했다.

스트렙토마이신 외에도 리팜피신과 이소니아지드 등 새로운 결핵 항생제가 잇따라 개발되거나 재발견되고, 여러 항생제를 조합하여 사용하는 칵테일 요법의 등장으로 20세기 중반 이후 결핵은 치료 가능한 질병이 되었다. 다만, 치료 중 증세가 호전되었다고 약의 복용을 중단하면 결핵균에 내성이 생겨 치료가 어려워지기도 한다.

한국은 경제협력개발기구 회원국 중 결핵발생률 1위의 불명예에서 벗어나기 위해 2010년 전면 개정된 「결핵예방법」에서 잠복결핵검진을 통해 감염자로 밝혀질 경우 본인 동의하에 예방치료도 무료로 받을 수 있도록 하였다. 2016년 7월부터는 건강보험에서 결핵환자 진료비의 본인 부담금도 전액 면제하고 있다.

암의 진단과 치료

육종 바이러스의 발견과 1966년 노벨 생리의학상 수상자 라우스

🔅 인류와 함께한 암의 역사

암은 오래전부터 알려진 병이었지만 발병 원인을 알지 못했는데 히포크라테스는 4체액설[1]에 근거해 흑담즙의 과잉을 지목했다. 그러나 흑담즙이 지나치게 많다면 어떻게 치료할 것인가를 해결할 수 없었던 흑담즙설은 근대과학이 태동하면서 사라졌다. 흑담즙의 실체가 모호했을 뿐 아니라 17세기 초반에 림프lymph가 발견되면서[2] 림프가 암의 근원이라는 림프설이 제기되었기 때문이다. 림프설은 림프관에서 유출된 림프가 국소적으로 응고하는 것을 양성종양으로 보았고, 악성종양인 암은 림프가 발효되고 퇴화되어 발생한다고 했다. 그렇지만 림프설을 지지하는 학자들도 암 발병과 관련된 어떤 의학적 증거를 찾아내지는 못했다.

림프설과는 다르지만 "세포호흡의 산소 전이효소 발견"으로

1931년 노벨 생리의학상을 수상한 바르부르크Otto Heinrich Warburg, 1883~1970는 산소 부족으로 암세포가 발생한다고 주장하기도 했다. 그렇지만 세포호흡 과정에서 산소가 부족해 암이 생기는 것이 아니라 암세포가 지나치게 성장하는 과정에서 세포 주변의 산소가 모자라게 된 현상임이 나중에 밝혀졌다. 결과를 원인으로 잘못 설명한 것이다. 바르부르크의 노벨상 수상 사실을 근거로 들면서 '산소 부족으로 인한 암세포 생성'을 막으려면 세포에 산소를 공급해 주는 건강보조제를 복용해야 한다는 광고는 지금도 인터넷에 넘쳐난다.

☀ 기생충, 콜타르와 암

1900년대 초반까지도 암의 원인을 놓고 기계적, 열적, 화학적 자극이나 방사능이라는 자극설과 발암 병원균에 의한 발병이라는 병원균설 등이 유력하게 제기되었으나 어느 설도 결정적인 증거를 제시하지 못했다. 그러다가 1913년 덴마크의 병리학자 피비게르 Johannes Andreas Grib Fibiger, 1867~1928가 최초로 암의 발생 실험에 성공했다는 기록을 남긴다. 피비게르의 결과는 자그마치 7년에 걸친 실험을 통해 얻은 것으로, 1907년 위암에 걸린 생쥐의 암 조직에서 스피롭테라 칼시노마Spiroptera carcinoma3라는 기생충을 발견한 것에서부터 시작되었다.

기생충과 위암의 관련성을 찾기 위해 피비게르는 암 조직을 다른 생쥐에게 먹이거나 기생충 또는 그 알을 먹이는 등 온갖 실험을 반복했지만 생쥐를 위암에 걸리게 할 수는 없었다. 그러다가 우연히 암 조직에 스피롭테라 칼시노마를 가지고 있는 생쥐를 발견하고, 생쥐가 사는 환경을 조사한 결과 바퀴벌레가 숙주임을 알게 되었다. 피비게르는 기생충을 가진 바퀴벌레를 생쥐에게 먹여서 마침내 위암을 만들어 냈다고 발표했다. 스피롭테라 칼시노마 자체가 암을 일으키거나 기생충이 세포에 가하는 자극으로 암이 생긴다는 결론은 자연스러웠다. 어떤 경우든 기생충이 암이 원인이라면 기생충에 감염되지 않으면 암을 예방할 수 있으므로, 피비게르의 발견은 획기적이었고 그는 '스피롭테라 칼시노마 암종을 발견'한 공로로 1926년에 노벨 생리의학상을 수상한다.

그런데 피비게르가 했던 실험은 재현할 수가 없었다. 나중에 밝혀진 바로는, 피비게르의 실험에서 생쥐가 위암에 걸린 주된 이유는 실험조건에 따른 비타민 A 결핍이었다고 한다. 기생충이나 그 알은 조직에 손상을 일으켜 그로 인해 암이 촉진되는 효과를 생각할 수 있는 정도였다. 외부 자극으로 암을 일으킨 최초의 사례로 인정받은 피비게르의 노벨상 수상은 스피롭테라 칼시노마가 직접 암의 원인이 아니라는 점에서 오류였다. 다만, 그 후 암을 유발하는 기생충이 실제로 발견되기도 했다. 예를 들어 오염된 물에서 목욕하면 감염되는 방광주혈흡충은 방광암을, 익히지 않은 민물고기를 먹으면 감염되는 간디스토마는 담도암을 유발한다.

일본의 야마기와 가쓰사부로山極勝三郎, 1863~1930는 조수인 이치카와 고이치市川厚一, 1888~1948와 함께 콜타르coal tar를 토끼 귀에 바르는 실험을 통해 1915년에 역시 인위적인 암 발생 실험에 성공하였다. 공기를 차단한 채 석탄을 가열하면 얻을 수 있는 콜타르는 포트Percivall Pott, 1714~1788가 1775년에 굴뚝청소부의 음낭암 발병에 대해 발표한 이후 오랜 기간에 걸쳐 발암물질로 의심받아 오던 물질이다. 피비게르와 노벨 생리의학상의 공동 수상자로 추천되기도 했으나 수상에는 이르지 못했던 야마기와는 피비게르의 노벨상에 대한 문제점이 제기되면서 상대적으로 더 주목받았다.

☀ 바이러스와 암

야마기와의 실험을 통해 암은 비정상적인 자극으로 세포분열이 무제한 반복되는 현상임이 밝혀진 데 비해, 생물학적 감염으로 인한 발암 가능성은 피비게르 실험오류로 오랜 기간 의심받는 대상이 되고 말았다. 일찍이 1911년에 라우스Francis Peyton Rous, 1879~1970가 닭의 육종sarcoma에서 세포를 제거하고 여과액만 추출하여 건강한 병아리에 접종하여 인공적인 암을 생성시킨 기록이 무시된 이유다. 피비게르와 야마기와의 실험보다 앞선 결과였지만 젊고 영향력이 적었던 라우스의 주장이라 공감을 얻지 못했다. 후속 연구자들이 쥐를 대상으로 비슷한 실험을 진행했지만 유의미한 결과를 얻지 못했기 때문이기도 했다. 라우스 육종 바이러스Rous Sarcoma Virus, RSV는 오랜 시간이 지난 뒤에야 빛을 볼 수 있었다.

라우스는 후속 연구를 통해서 정상세포가 암세포로 변하려면 몇

단계의 변화를 거쳐야 하고, 이러한 변화는 암세포가 될 잠재력이 있는 세포가 잠복하고 있다가 바이러스 등이 그 세포의 잠재력을 자극해야 가능하다는 주장을 하게 된다. 다만, 일반적인 바이러스 질병의 전염 특성과는 다르게 바이러스로 인한 암이 전염되지 않는 현상을 단순한 예외로 설명하고, 닭처럼 조류에서 생기는 암은 사람이 속한 포유류에게는 중요하지 않다고 설명했다. 그 후 닭에서 유래된 라우스 육종 바이러스가 사람의 세포에서도 암을 일으킬 수 있음이 밝혀지는 등 일부 수정이 이루어지고, 정상세포를 암세포로 변환시키는 다른 발암 바이러스도 여럿 발견되자 마침내 라우스의 이론은 빛을 보게 되었다. 라우스는 암을 유발하는 바이러스를 발견한 지 55년이 지난 1966년에 87세의 나이로 노벨상을 수상했다.

핵산과 이를 둘러싸는 단백질 껍질만 가지는 바이러스는 핵산으로 RNA 또는 DNA를 가지므로, 암을 유발하는 바이러스인 발암성 바이러스는 RNA나 DNA에 종양 유전자가 있어야 한다. 둘베코 Renato Dulbecco, 1914~2012는 핵산을 DNA로 가지는 발암성 바이러스를 이용하여, 바이러스 DNA가 세포 DNA와 결합하여 세포가 암세포로 변형되는 과정을 관찰하였다. 여기에다 RNA 핵산을 가지는 발암성 바이러스를 사용해서도 바이러스 RNA가 DNA로 복제되어 세포의 유전물질로 통합되는 현상을 발견할 수 있었으니 테민 Howard Martin Temin, 1934~1994과 볼티모어 David Baltimore, 1938~의 업적이었다. 세포의 정상적인 DNA가 발암 바이러스의 DNA와 결합하여 변형되거나, 발암 바이러스의 RNA를 복제해서 변화하거나, 어떤 경우든 세포의 DNA가 종양 유전자를 포함하는 형태로 변형되면 새롭게 만들어지는 세포는 암세포가 된다.

그런데 세포의 유전물질인 DNA는 RNA에 정보를 전달하고, RNA의 정보를 이용해 단백질을 만든다는 이론은 분자생물학의 중심원리[4]다. 거꾸로 RNA가 DNA로 복제된다는 주장은 오늘날에는 역전사로 설명되지만, 1960년대 초 테민이 처음 주장했을 때에는 바이러스 발암설만큼이나 받아들이기 어려운 주장이었다. 결국 테민과 볼티모어가 각각 독립적으로 RNA 발암성 바이러스는 RNA에서 DNA를 복제할 수 있는 역전사reverse transcription 효소를 함유하고 있다는 사실을 밝혀낸 1970년에야 역전사가 인정되었다. 이처럼 역전사를 하는 바이러스는 RNA와 그 역전사효소를 가지고 있으며 레트로바이러스라고 한다. 대표적인 레트로바이러스로는 후천성면역결핍증AIDS을 일으키는 인간면역결핍증바이러스가 있다.

역전사 연구를 진행하는 과정에서 사람의 정상세포 속에 있는 DNA에도 RNA 발암성 바이러스에서 복제된 것과 동일한 종양 유전자가 광범위하게 존재하고 있다는 사실도 밝혀졌다. 오래전에 인류의 조상에게 침입한 바이러스의 암 유전자가 암을 일으키지는 않은 채 잠재된 상태로 DNA에 포함되어 후손에게 전해 내려온 것이다. 이렇게 정상세포의 DNA에 암 유전자가 생성되는 유전자변형의 작용기전이 DNA 바이러스와 RNA 바이러스 모두에서 증명되자, 둘베코와 테민 그리고 볼티모어는 '종양 바이러스와 세포 유전물질의 상호작용 발견'의 공로로 1975년 노벨 생리의학상을 수상했다.

☀ 암 예방

암은 세포주기가 조절되지 않아 세포분열을 계속하는 질병으로 세포분열 정보를 제공하는 DNA에 문제가 생겨서 나타난다. 또한, 레트로바이러스를 연구하는 과정에서 사람의 유전자 정보 전체를 포함하는 DNA 서열인 인간 게놈에는 약 1천만 년 전에 인류의 조상에게 침입한 암 레트로바이러스의 유전자가 이미 포함되어 있다는 사실도 밝혀졌다. 결국 토끼 귀에 바른 콜타르와 같은 화학자극이나 간디스토마 등의 기생충 자극은 세포분열의 설계도인 DNA에서 잠자고 있던 종양 유전자를 깨웠고, 닭의 육종에 포함된 바이러스는 종양 유전자를 DNA에 끼워 넣은 것이었다.

사람이 가진 전체 유전정보에 이미 포함되어 있는 종양 유전자는 조용히 지내다가 화학적·기계적 자극 혹은 바이러스에 의해 발현되어야 정상세포를 암세포로 만든다. DNA에는 종양 유전자가 포함되어 있지만, 다행히 암 발생을 막아 주는 종양 억제유전자도 함께 있다. 문제는 종양 억제유전자에 변이가 생기는 경우에도 암이 발병하고, 종양 억제유전자 변이도 자극으로 생길 수 있다는 사실이다. 이렇게 세포에 어떤 자극을 가해 암을 발생하게 만드는 물질이 발암물질이다. 발암물질의 작용기전은 2단계설이 유력한데, 유전자의 변형을 시작하게 하는 초발인자와 변형을 지속적으로 유지하게 하는 촉진인자로 나누어 설명한다. 초발인자와 촉진인자를 모두 포함하고 있는 대표적인 발암물질은 담배연기다.

암의 기전이 알려지자 암을 예방하고 치료하기 위한 노력도 시작되었다. 암을 예방하려면 무엇보다 발암물질과 접촉하지 않아야 하므로 방사선 접촉 피하기, 금연과 절주, 불에 탄 고기 안 먹기 등이 권장된다. 특히 담배연기에 포함된 성분인 벤조피렌[5]은 높은 온도에서 요리된 고기에서도 발견되므로, 고기를 굽기 전에 전자레인지에 2~3분 조리하기 등의 다양한 생활상식이 권장되기도 한다.

특정 종양 억제유전자에 생긴 변이는 유전되기도 하는데 특히 유방암과 난소암 등 여성암의 일부는 종양 억제유전자에 생긴 이상이 유전을 통해 어머니로부터 딸에게 전달되는 것으로 확인되었다. 이러한 유전자 이상 여부는 침이나 혈액으로 간단히 검사할 수 있어서 관련 암의 가족력이 있는 사람은 유전자검사를 거쳐 미리 대비하기도 한다. 2015년에 있었던 여배우 안젤리나 졸리의 유방과 난소, 나팔관 절제술은 그녀의 외할머니와 어머니 그리고 언니가 앓았던 유방암 때문에 유전자검사를 한 뒤에 내린 결정이었다.

피비게르가 생쥐의 위암 발암물질로 의심했던 스피롭테라 칼시노마와 가까운 기생충인 스피롭테라 루피는 개에게 식도암을 유발하므로 특정 기생충 구제도 암 예방에 도움이 된다. 위에는 강한 산성을 가지는 위산이 분비되기 때문에 세균이 살지 못한다는 생각이 지배적일 때도 있었다. 이 생각에 도전해 자신을 실험대상으로 삼아 균을 삼켜 위염까지 앓았던 2005년 노벨 생리의학상 수상자 베리 마셜Barry James Marshall, 1951~이 밝혀낸 헬리코박터 파일로리는 '위염과 위궤양을 일으키는 원인균'일 뿐 아니라, 위암의 위험성을 높이는 것으로도 밝혀졌다. 베리 마셜이 스스로 몸속에 균을 넣었고

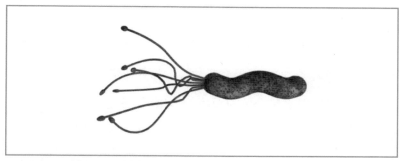

그림 5-1 헬리코박터 파일로리

그 뒤 항생제로 제거할 수 있음을 보인 뒤로, 위암 발생률이 높은 한국에서 헬리코박터 파일로리 제거에 대한 관심[6]이 높아졌음은 물론이다.

"자궁경부암 유발 인유두종 바이러스의 발견"으로 2008년 노벨 생리의학상을 수상한 하랄트 추어 하우젠 Harald zur Hausen, 1936~ 은 사마귀를 생기게 하는 바이러스의 유전자가 자궁경부세포의 유전자에 삽입되고 시간이 경과하면서 자궁경부암을 유발하는 기전을 밝혀냈다. 원래 가지고 있던 유전자가 아니라 외부 바이러스에 의해 운반되는 유전자이기 때문에 바이러스 침투를 막으면 자궁경부암도 방지할 수 있다. 변이가 심하지 않은 바이러스는 백신으로 예방할 수 있으므로 인유두종 바이러스 백신이 개발되었고, 한국에서는 국가예방접종을 통해 여성들에게 백신접종을 지원[7]하고 있다.

☀ 암 진단

스탠리 코언과 리타 레비-몬탈치니 Rita Levi-Montalcini, 1909~2012는 세포의 성장과 분화가 뇌하수체[8]가 아니라 세포에서 분비되는 성장인자에 의해 조절된다는 사실을 확인했다. 또한 성장인자는 이웃한 세포에도 영향을 주며, 암세포와 성장인자를 수용하는 수용체의 증가 사이에는 관련성이 있음을 밝혔다. 이들은 "세포 성장을 촉진하는 성장인자의 발견"으로 1986년 노벨 생리의학상을 수상하였다. 성장인자 수용체의 증가상태를 조사하면 폐, 결장, 유방, 췌장 등의 장기에 암이 생겼는지 여부를 확인할 수 있다. 이처럼 암 발생 여부를 조기에 진단할 수 있도록 도와주는 표지자를 종양표지자라고 한다. 현재는 다양한 종류의 암 진단용 종양표지자가 개발되어 암의 조기진단을 돕고 있다.

레너드 헤이플릭 Leonard Hayflick, 1928~은 1961년에 각 생물과 장기별로 세포분열 횟수가 정해져 있어서 일정 수의 세포분열을 한 뒤에는 세포가 노화해 죽는다는 사실을 발견하였다. 예를 들어 고양이는 8번, 말은 20번, 인간은 60번 정도 세포분열한 뒤 세포가 죽는데, 이를 헤이플릭 한계라고 한다. 그 후 세포분열 과정에서 관찰되는 염색체의 끝부분에 염색체를 보호하는 텔로미어라는 반복적 염기서열[9]이 존재하며, 세포가 분열될 때마다 길이가 짧아진다는 사실이 확인되었다. 세포증식을 위해서는 텔로미어의 길이를 연장하거나 유지해야 하는데, 이런 일을 하는 효소인 텔로머라제도 확인되었다.

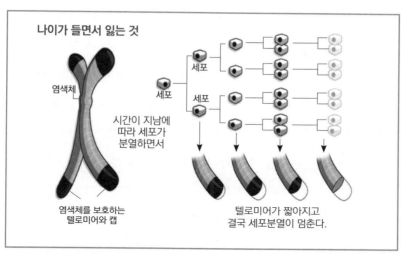

나이가 들면서 잃는 것

염색체

세포

세포

세포

시간이 지남에
따라 세포가
분열하면서

염색체를 보호하는
텔로미어와 캡

텔로미어가 짧아지고
결국 세포분열이 멈춘다.

그림 5-2 **염색체와 텔로미어**

  암세포는 세포분열을 계속하므로 암세포 중 약 85%에서는 효소
인 텔로머레이스telomerase가 활성화되어 있다. 이를 설명한 엘리자
베스 블랙번Elizabeth Helen Blackburn, 1948~, 캐럴 그라이더Carol Widney
Greider, 1961~, 잭 쇼스택Jack William Szostak, 1952~은 '텔로미어와 텔로
머레이스의 염색체 보호 기전의 발견' 공로로 2009년 노벨 생리의
학상을 공동 수상했다. 대부분의 암세포에 존재하는 텔로머레이스
의 작용을 선택적으로 차단할 수 있다면 암세포만 선택적으로 치료
할 수도 있다. 정상세포에는 영향을 주지 않고 암세포만 치료하는
암치료의 궁극적인 목표를 이루기 위해서 텔로머레이스를 조정하
는 약물도 현재 연구 중이다.

  DNA는 안정된 분자가 아니어서 시간이 지나면 붕괴하기 때문
에 세포 내에서 손상된 DNA를 복구해 주어야 한다. DNA를 복구

하는 효소를 발견한 토마스 린달Tomas Lindahl, 1938~, 세균을 통해 세포의 자외선손상 복구기전을 밝힌 아지즈 산자르Aziz Sancar, 1946~, DNA 염기서열의 불일치 복구MMR: mismatch repair를 설명한 폴 모드리치Paul Lawrence Modrich, 1946~는 '세포가 손상된 DNA를 복구하여 유전정보를 보호하는 구조를 분자 수준에서 규명'한 공로로 2015년 노벨 화학상을 공동 수상했다. 이들의 연구결과를 역으로 응용하여 암세포에 존재하는 DNA 복구기전을 억제한다면, 암세포의 증식을 지연시키거나 완전히 중단시킬 수도 있다. 이러한 원리를 이용한 항암제가 연구 중에 있으며, 유방암에 사용하는 올라파립10 등이 대표적이다.

☀ 암 치료

종양 유전자가 발현된 세포는 조절되지 않은 세포분열을 통해 주변 조직으로 퍼져 나가고, 인체 내 순환과정을 통해 다른 기관으로 전이되기도 한다. 이러한 암세포의 전이 정도를 기준으로 초기 암과 진행암 그리고 말기암을 구별하기도 한다. 암 치료에서 가장 중요한 과제는 암이 전이되기 전에 일찍 발견하는 것으로, 이렇게 일찍 발견된 암세포는 수술, 약물요법 또는 방사선으로 제거하거나 성장을 억제시킬 수 있다.

암세포의 증식을 억제하는 항암제는 주변의 정상세포보다 빨리 자라는 머리카락과 위점막 등 정상세포에도 영향을 미친다. 머리카

락이 빠지고 위내벽이 위산을 견디지 못해 구토를 하는 등의 부작용이 발생하는 이유다. 이와 같이 세포에 독성을 나타내는 항암제를 1세대 항암제라고 하며, 1세대 항암제의 부작용을 극복하기 위해 정상세포에 손상을 가하지 않는 2세대 항암제를 개발하게 되었다. 2세대 항암제는 암세포만 공격한다고 해서 표적항암제라고 한다.

암세포의 비정상적인 성장과 분화는 특정 효소의 작용으로 진행되는 경우가 많으므로, 이미 생긴 효소가 작용하지 못하도록 하면 암세포를 억제할 수 있다. 특정 효소는 세포의 정상적인 유전명령을 바꾸어 암세포로 만들기 때문에 효소의 작용을 억제하는 약제는 암세포만 공격하는 표적항암제가 될 수 있다. 최초의 표적항암제로 인정받는 제품은 스위스 제약사 노바티스가 만성 골수성 백혈병 치료를 위해 개발한 글리벡이다. 글리벡은 기적의 약으로 인정받아서 특허 만료 전 해인 2012년에는 한국에서만 건강보험청구액이 1,001억 원에 달했다.

1993년에 최초 출원된 글리벡의 물질[11] 특허는 2013년에 만료되었으나 노바티스는 최초 개발약제인 100mg보다 고함량인 400mg을 포함하는 별도의 조성물 특허를 가지고 있었고, 이 특허의 유효기간은 2023년까지였다. 게다가 글리벡은 위장관 기질종양 GIST이라는 암 치료에도 탁월한 효능을 보였는데, 이는 별도의 용도발명 특허로 유효기간이 2021년에 끝난다. 결국 국내 제약업계가 2013년에 고함량 조성물 특허의 무효처분을 받아내서 복제약을 생산할 수 있게 되었는데, 이는 특허심판원과 법원으로부터 고함량의

United States Patent [19]
Zimmermann

[11] **Patent Number:** **5,521,184**
[45] **Date of Patent:** **May 28, 1996**

[54] **PYRIMIDINE DERIVATIVES AND PROCESSES FOR THE PREPARATION THEREOF**

[75] Inventor: **Jürg Zimmermann**, Wallbach, Switzerland

[73] Assignee: **Ciba-Geigy Corporation**, Tarrytown, N.Y.

[21] Appl. No.: **234,889**

[22] Filed: **Apr. 28, 1994**

Related U.S. Application Data

[63] Continuation-in-part of Ser. No. 42,322, Apr. 2, 1993, abandoned.

[30] **Foreign Application Priority Data**

Apr. 3, 1992 [CH] Switzerland 1083/92
Oct. 1, 1993 [CH] Switzerland 2966/93

[51] **Int. Cl.**^{6} **C07D 239/92**; A61K 31/505
[52] **U.S. Cl.** **514/252**; 514/272; 544/295; 544/322; 544/331; 544/332
[58] **Field of Search** 514/252, 272; 544/295, 322, 331, 332

388838A 9/1990 European Pat. Off. .
0453731 10/1991 European Pat. Off. .
3436380A 4/1986 Germany .

OTHER PUBLICATIONS

90–231199/30 Derwent Abstract (1990) 1990 Corresponding to U.S. Pat. No. 4,940,712—Pfizer Inc.
89–167195 Derwent Abstract (1989) corresponding to EP 319,170—Pfizer Inc.

Primary Examiner—Mukund J. Shah
Assistant Examiner—Matthew V. Grumbling
Attorney, Agent, or Firm—Karen G. Kaiser

[57] **ABSTRACT**

There are described N-phenyl-2-pyrimidine-amine derivatives of formula I

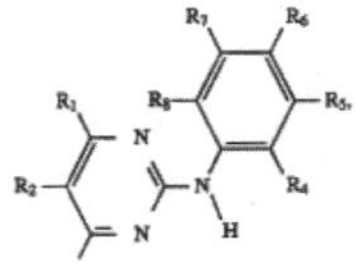

(I)

그림 5-3 글리벡의 미국 물질 특허

제조가 저함량의 제조에 비해 특별히 곤란하지 않다는 판단을 받아서 가능했다. 다만, 위장관 기질종양 치료제 특허는 별도의 용도가 인정되어 특허가 유지되었다.

신약을 개발하는 제약회사는 대개 치료물질을 합성한 뒤 물질 특허를 받는다. 또한 물질의 함량을 조절하는 조성물 특허, 알약이나 물약 혹은 필름 형태의 약으로 만드는 제형 특허, 먹는 약이나 주사제 또는 바르는 약 등의 약물전달 특허 등 다양한 특허를 계속하여 출원한다. 여기에다 특정 질병에 대한 치료 용도를 특허로 청구하는 용도 특허를 받기도 한다. 이와 같이 약의 성분인 물질 특허에서 시작하여 조성물 특허, 제형 특허, 약물전달 특허, 용도 특허로 권리를 계속하여 취득하면 물질 특허가 만료되어도 다른 특허를 통해 독점적인 지위를 누릴 수 있어서 제약회사의 이러한 전략을 특허 영구화전략이라고 부르기도 한다.

2013년 글리벡의 고함량 조성물 특허 무효 판결은 한국의 백혈병 환자에게 회한을 남겼던 2003년 특허청의 글리벡 특허 재정청구 기각사례와 대비되기도 한다. 「특허법」에서는 특허 발명의 실시가 공공의 이익[12]을 위하여 특히 필요한 경우에, 그 특허 발명을 실시하고자 하는 자의 재정청구에 의하여 특허청장이 통상실시권을 주는 재정제도를 두고 있다. 노바티스가 글리벡을 지나치게 비싼 값으로 공급하자 당시 백혈병 환자의 경제적 부담완화를 이유로 내세워 시민단체가 중심이 되어 재정을 청구하였으나 특허청에서는 강제실시를 할 정도로 공공의 이익이 있는 것으로 판단하지 않아 청구 기각하였다.

이후 노바티스는 약가를 일부 인하했지만 보건복지부의 글리벡 보험약가 책정이 지나치게 낮아 부당하다는 소송을 제기해서 2013년 승소했다. 또한 2017년에는 노바티스의 리베이트가 적발되어 글리벡을 건강보험 적용대상에서 제외하는 급여정지 처분을 내리려고 했으나, 암환자 관련 단체에서 반대하는 바람에 과징금 처분으로 대체되기도 했다. "글리벡의 경우 반응을 보이는 환자는 수년간 장기 복용해야 하는 항암제로 약제 변경 시 동일성분 간이라도 적응과정에서의 부작용 등 우려가 있고, 질환 악화 시 생명과 직결된다는 전문가의 의견을 반영했다"는 것이 당시 보건복지부의 설명이었다.

면역항암제는 표적항암제에서 한 걸음 더 나아가 우리 몸의 면역계에 있는 T세포를 이용한 3세대 항암제다. 가슴샘thymus에서 성숙되어 T세포라는 이름을 얻은 면역세포인 T세포는 정상세포가 아닌 변형세포를 공격해야 하지만 일부 암세포는 T세포의 활성을 억제하는 단백질을 작동시키는 물질을 가지고 있다. 그러므로 이러한 억제 단백질이 작동되지 않도록 하는 항체를 개발하면 우리 몸의 T세포로 암세포를 공격할 수 있다. 즉, 면역체계를 작동시켜 암을 치료하는 방법이다. 미국의 앨리슨James Patrick Allison, 1948~은 T세포 활성 억제 단백질 CTLA-4의 기능을 막는 항체인 최초의 면역항암제를 개발했고, 일본의 혼조本庶佑, 1942~는 또 다른 T세포 활성 억제

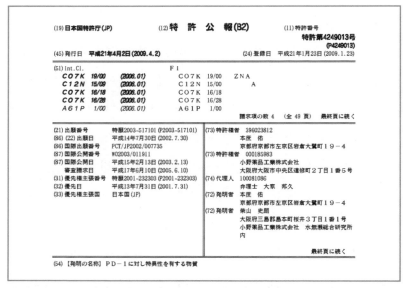

그림 5-4 혼조 교수와 오노약품공업이 공동으로 출원한 'PD-1에 대해 특이성을 가지는 물질' 일본 특허

단백질 PD-1의 기능을 막는 항체를 개발하였다.

혼조 교수는 일본의 오노小野약품공업과 공동으로 특허를 출원하였고 오노약품공업은 임상시험을 거쳐 면역항암제의 제품화까지 성공하여, 지미 카터 전 미국 대통령의 뇌에까지 전이된 흑색종을 완치시켜 화제가 되기도 했다. 2019년 4월 혼조 교수는 오노약품공업이 지급한 특허 대가 26억 엔약 260억 원이 너무 적다고 수령을 거부하고 대가인상을 요구하여 한 번 더 화제가 되었다.

흑색종부터 시작해서 폐암, 대장암, 간암, 위암, 신장암 등으로 그 적용 영역을 넓히고 있는 면역항암제가 가야 할 길도 아직은 멀다. 전체 암환자 중 특정 표지자를 가지고 있는 30% 정도만 치료효과를 보이며, 면역계가 암세포를 넘어 정상세포를 공격하는 부작용까지 해결해야 하기 때문이다. 그렇지만 면역항암제의 실용화로 오랜 기간 인류가 꿈꿔 왔던 암정복이라는 목표에 한 걸음 더 다가섰음은 분명하다.

06
암치료를 위한 양성자가속기
사이클로트론의 발명과 1939년 노벨 물리학상 수상자 로런스

💡 선형 입자가속기

그 문제를 물리적으로 설명해 보세요.

세세한 수학적 표현으로 현상을 명확하게 설명하는 것이 가능할지라도, 그보다는 물리적 직관을 선호했던 어니스트 로런스Ernest Olando Lawrence, 1901~1958가 자주 했던 말이다. 뛰어난 물리적 직관력을 가졌던 로런스는 캘리포니아주립대학 버클리 캠퍼스 교수로 근무하던 1929년 어느 봄날 저녁, 우연히 살펴보던 독일 학술지에 실린 하전입자의 새로운 가속방법에서 회전형 양성자가속기 사이클로트론의 아이디어를 떠올렸다.

20세기 초반 물리학자들은 원자구조를 조사하고, 방사성 동위원소를 만들기 위해 양성자가속기를 만들기 시작했다. 지금도 원자를 이루는 기본입자에 대한 실험은 대형 양성자가속기로 수행하고 있다. 양성자에 강한 전위차를 가해 주면 전하량 값(+e)과 전위차 값(V)을 곱한 크기의 에너지로 가속되고, 이렇게 가속된 양성자를 원자핵에 충돌시킬 수 있다. 양으로 대전된 전극과 음으로 대전된 전극 사이에 양성자를 두면 양전극에서 음전극 방향으로 양성자가 전기력을 받아 가속되는 원리의 이용이다. 그런데 처음에 만든 가속기는 양성자를 강한 전위차 공간에 한 번만 통과시켰기 때문에 속도를 높이는 데 한계가 있었다. 로런스가 독일 학술지에서 보았던 롤프 비데뢰Rolf Wideröe, 1902~1996의 제안[1]은 이 한계를 극복하는 방법이었다.

양성자가 전위차 공간을 여러 차례 통과하도록 여러 개의 전극을 일정한 간격을 두고 길이 방향으로 나란히 배열한 뒤, 홀수 위치 전극끼리 서로 연결하고 짝수 위치 전극끼리도 서로 연결한다. 이렇게 연결된 홀수 전극과 짝수 전극은 서로 반대되는 전위를 가지

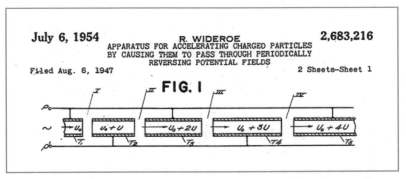

그림 6-1 **롤프 비데뢰가 미국에 출원한 특허** 미국 등록특허 2,683,216, 주기적으로 전위를 역전시키는 장에 하전입자를 통과시켜 가속하는 장치

도록 고주파 전원에 연결된다. 그러므로 인접한 전극 사이의 틈에는 고주파 전원의 차이만큼 전위차가 형성된다. 양의 전압이 연결된 T_1 전극과 음의 전압이 연결된 T_2 전극 사이 틈(I)에 양성자가 위치하면 양성자는 전기력을 받아 T_2 전극을 향해 가속된다. T_2 전극에는 양성자가 통과할 수 있는 길이 방향의 내부 공간과 출입구가 있으며 양성자가 T_2 전극 출구를 통과해 나가는 순간 T_2 전극은 양의 전압으로 바뀌고 동시에 T_3 전극도 음의 전압으로 바뀐다. 이번에 양성자는 다시 T_2 전극과 T_3 전극의 틈(II)에서 두 전극의 전위차만큼 추가 가속되어 T_3 전극의 입구를 향해 가속된다.

전극 내부에는 전위차가 없으므로 전극 내부를 지나는 동안에는 양성자가 가속되지 않지만, 전극과 전극 사이 틈을 만날 때마다 가속된 양성자의 속도는 점점 더 빨라지므로 다음 번 전극의 길이는 지나온 전극보다 길어져야 한다. 고주파 전원에 연결된 홀수 전극과 짝수 전극의 전위가 바뀌는 주기가 일정하기 때문에, 속도가 빨라진 양성자가 통과하는 길이를 점점 더 길게 해야 각 전극의 출구 도달시간을 맞출 수 있다. 문제는 이 방법으로 양성자를 충분히 가속시키려면 가속기의 길이가 계속 길어져야 한다는 점이다.

☀ 양성자 회전목마(proton merry-go-round)

로런스는 점점 길어지는 선형 전극을 점점 반지름이 커지는 원주형 전극으로 바꾸는 혁신적인 생각을 떠올렸다. 양성자가 원운동

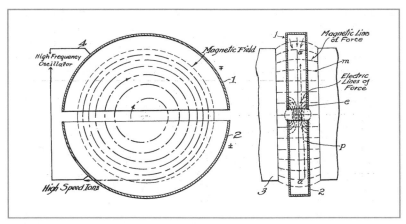

그림 6-2 어니스트 로런스의 사이클로트론 특허 도면

을 반복하면서 반지름이 조금씩 커진다면 길이가 조금씩 길어지는 직선운동을 반복하는 효과를 내리라고 보았다. 전하를 띠는 입자는 진행 방향과 수직인 자기장 속에서 원운동을 하므로 전기장과 자기장을 동시에 가해 주면 가능한 일이었다.

우선, 단면이 반원인 납작한 반원기둥 두 개의 지름 부위가 일정한 틈을 두고 서로 마주보도록 배치하고 반원의 단면에 수직 방향인 자기장을 걸어 주었다. 각각의 반원기둥에는 서로 반대되는 전위가 가해지도록 고주파 전원에 연결하고, 두 반원기둥이 이루는 원의 중심에 가까운 곳에서 양의 전위가 가해진 1번 반원기둥과 음의 전위가 걸린 2번 반원기둥 사이 틈에 양성자를 위치시킨다. 이렇게 되면 양성자는 두 반원기둥의 전위차에 해당하는 전기력을 받아 2번 반원기둥을 향해 가속되어 들어간다. 2번 반원기둥 내부로 들어가면 전기장의 영향은 받지 않으나 자기장의 영향으로 로런츠힘을 받아 원운동을 한다. 양성자가 원운동을 하다가 2번 반원기둥을 벗어나 두 반원기둥 사이 틈에 오는 순간 고주파 전원의 전극 방향이 바뀌어 방금 빠져나온 2번 반원기둥이 양의 전위차를, 1번 반원기둥이 음의 전위차를 가진다.

이번에는 두 반원기둥 사이 간격에서 반대 방향으로 가속되어 1번 반원기둥을 향해 가속되어 들어간다. 그런데 속도가 더 빨라졌기 때문에 자기장에 의해 원운동을 하더라도 원운동의 반지름이 더 커지고, 원운동의 반지름이 더 커지더라도 1번 반원기둥을 벗어나는 시간은 방금 전 2번 반원기둥을 벗어나는 시간과 동일하다. 두 반원기둥의 전위가 다시 바뀌고 양성자가 또 가속되어 원운동의 반지름이 증가하는 과정은 계속 반복된다. 이 과정에서 하전입자의 속도는 점점 더 커지고 회전반지름도 점점 더 커지다가 테두리부 근처까지 가게 되면 밖으로 방출된다. 이렇게 주기적으로 순환운동을 한다고 해서 처음에는 장치이름을 양성자 회전목마라고도 했다. 그러다가 사이클로트론cyclotron이라는 현재의 이름을 얻었다.

사이클로트론은 자기장의 크기가 일정해서 양성자의 속도가 커지면 원운동의 반지름도 커지기 때문에 원을 반 바퀴 도는 데 걸리는 시간은 동일하다. 그런데 반원운동 시간에다 마주보는 두 반원기둥 사이를 통과하는 시간을 더해서 전극의 방향이 바뀌도록 고주파의 주파수를 조절해야 한다. 양성자의 질량이 작기 때문에 이 값은 상당히 작아서, 어니스트 로런스가 당시 기술로 이를 구현하기에는 많은 어려움이 따랐고, 결국 3년 가까운 시간이 지나서야 대학

원생이던 스탠리 리빙스턴Milton Stanley Livingston, 1905~1986의 도움으로 성공할 수 있었다.

지름 27인치 사이클로트론의 제작에 성공한 로런스는 이를 특허 출원하였고,[2] 이러한 공로를 인정받아 '사이클로트론의 발명과 개발에 대한 기여와 인공 방사능 동위원소 등 사이클로트론으로 얻어진 결과물에 대한 기여'로 1939년에 노벨 물리학상을 받는 영광까지 얻었다.

이후 양성자가속기는 다양한 종류로 개발되며 발전한다. 사이클로트론은 자기장이 균일하기 때문에 하전입자의 속도가 커질수록 반지름도 커져야 하지만 점차 기술이 발전하여 자기장의 크기도 하전입자의 회전시간 간격에 맞추어 늘릴 수 있게 되자 싱크로트론synchrotron이 개발되었다. 싱크로트론은 원형궤도에 전자석을 배열하고 외부에서 입자빔을 가속해 입사시킨 뒤, 경로 도중에 고주파를 이용한 가속부를 두고 원형궤도를 따라 배열된 전자석의 자기장

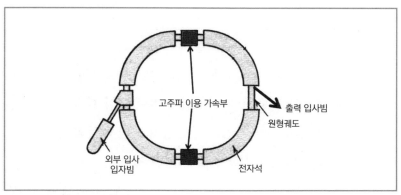

그림 6-3 싱크로트론의 구조

을 입자속도의 증가에 맞추어 증가시킨다. 이렇게 되면, 입자의 속
도와 이를 회전시키는 자기장의 크기가 나란히 커지기 때문에 입자
가 일정한 반지름인 싱크로트론을 따라 원운동을 유지한다.

속도가 빨라지는 만큼 자기장도 커지면 빠른 속도에 의한 원심
력만큼 각도를 휘게 하는 구심력도 커져서 회전반지름을 일정하게
유지할 수 있다. 장치의 크기는 늘이지 않으면서도 자기장 크기를
조절하는 방법으로 빠른 속도의 입자를 얻는 방법이다. 유럽입자물
리연구소CERN의 대형 강입자 충돌기LHC를 포함한 대부분의 대형
가속기는 싱크로트론 방식으로 건설된다.

☀ 로버트 윌슨의 가속기 응용 연구 제안

> 아닙니다. 단지 우리 서로에 대한 존중, 인간의 존엄, 문화에 대한
> 우리의 사랑하고만 관련이 있습니다. … 이 나라를 지킬 만한 가
> 치가 있게 만드는 것을 제외하고는 나라를 지키는 것과 직접적인
> 관련은 없습니다.3

미국의 신설 국립가속기연구소장을 맡은 로버트 윌슨Robert
Rathburn Wilson, 1914~2000이 1969년 열린 미국 의회 원자력합동위원
회에서 가속기 연구의 국가안보 관련성에 대한 질문을 받고 한 대
답이다. 이 멋진 답변으로 그는 1974년에 페르미연구소로 이름이
바뀌는 신설 연구소의 예산지원을 의회로부터 받아내, 예술적이면

서도 과학적인 연구소를 건설하게 된다.

윌슨은 1932년에 캘리포니아주립대학 버클리 캠퍼스에 입학하여, 로런스의 연구실에서 1940년에 〈사이클로트론 이론〉으로 박사학위를 받는다. 그러나 검약을 미덕으로 알았던 로런스의 연구실에서 고무로 된 밀봉재를 잃어버려 기부자 앞에서 실험을 못한 일로 한 번, 용접작업 중에 비싼 집게를 녹여 버리는 바람에 또 한 번, 두 번이나 해고당한다. 두 번째 해고 뒤에도 복직 제안을 받았지만 거절하고 프린스턴으로 떠나서 원자폭탄의 핵심물질이 되는 원자량 235인 우라늄 동위원소를 분리하는 데 성공했고, 제2차 세계대전 중에는 원자탄 개발계획인 맨해튼 프로젝트에도 합류했다.

맨해튼 프로젝트에 참여했던 양심적인 물리학자[4]들처럼, 원자폭탄의 비극을 목격한 로버트 윌슨도 원자 에너지의 국제적 관리와 평화적 이용을 위한 운동에 앞장섰다. 관련 연구에도 심혈을 기울여, 하버드대학 조교수로 재직 중이던 1946년에는 양성자를 이용한 암치료 분야의 기초가 되는 기념비적 논문인 〈빠른 양성자의 방사선학 응용〉을 발표한다. 이 논문에서 그는 사이클로트론에서 가속된 양성자가 인체의 조직 내부로 침투할 수 있다고 밝히고 의학 및 생물학 분야에서 이용할 수 있음을 제안하였다.

윌슨과 함께 맨해튼 프로젝트에 참여했던 리처드 파인먼Richard Phillips Feynman, 1918~1988의 회고에 따르면, 원자폭탄 시험폭발인 트리니티 실험 성공으로 모두가 기뻐할 때 윌슨은 인류가 맞닥뜨릴 재앙에 대해 걱정했던 유일한 현장 과학자였다고도 한다. 이러한 고민이 그로 하여금 원자력뿐 아니라 가속기의 평화적 이용에 더욱 많은 관심을 가지도록 한 동인이었을 것이다.

암치료를 위한 방사선 치료장비로 사용되고 있는 X-선, 감마선 등 광선을 이용한 치료장치는 체내에 위치한 암세포를 제거하거나 약화시키는 과정에서 암 조직 전후에 위치한 정상조직에도 방사선 영향을 미친다. X-선이나 감마선이 전자기파이기 때문에 암세포가 위치한 지점까지 진행하면서 많은 에너지가 경로상에 위치한 세포에 흡수되기 때문이다.

그런데 입자가속기로 양성자나 탄소이온 등 상대적으로 무거운 이온을 가속하여 인체 내부로 주입하면 진행경로상에 위치한 조직이나 세포에는 흡수되지 않고 목표하는 지점에만 집중적으로 도달한다. 이때 인체 내로 입사하는 이온빔이 멈추기 직전 위치에서 형

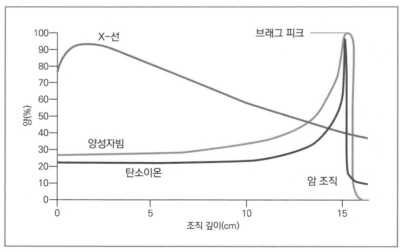

그림 6-4 인체 조직 내에 흡수되는 X-선과 하전입자빔 특성 비교

성되는 최대 분포지점을 브래그 피크Bragg peak라 하는데, 윌슨은 브래그 피크 부근에서 양성자가 주변 분자를 이온화하면서 소멸하여 암세포 조직을 파괴할 가능성이 있다고 보았다. X-선이나 감마선이 1세대 항암제라면, 양성자는 2세대 항암제라고 볼 수 있다.

💡 존 로런스의 선구적 양성자 암치료

윌슨의 제안이 의학 현장에서 바로 받아들여지지는 않았지만, 우연하게도 윌슨의 스승인 어니스트 로런스의 동생이 의사였다. 의사인 존 로런스John Hundale Lawrence, 1904~1991는 1935년부터 이미 형의 연구실을 방문했으며, 형의 사이클로트론으로 만든 인P 방사성 동위원소로 백혈병 연구를 진행하기도 했다.

그가 윌슨의 논문을 참조했다는 명확한 증거는 없지만, 윌슨의 논문 발행 6년 뒤인 1954년에 최초로 암환자에게 사이클로트론 양성자 치료를 시행하였고, 이후 30여 명의 암환자를 더 치료하였다. 형은 사이클로트론을 개발하여 노벨 물리학상을 받고 동생은 이를 응용하여 암치료를 시작한 것이다. 이후 1957년에는 스웨덴 웁살라대학에서 싱크로트론으로 가속한 양성자를 이용해 악성종양을 치료하였으며, 1961년에는 하버드 사이클로트론연구소와 매사추세츠병원이 협업하여 양성자 암치료를 하였다. 그러나 양성자가속기를 설치하려면 별도 건물을 지어야 할 정도로 큰 투자를 해야 하므로 그 효과에 비해 병원으로 확산되는 속도가 늦었다.

1989년 영국의 클래터브리지센터는 최초로 병원에 사이클로
트론을 설치하여 양성자 암치료를 수행하였다. 이보다 조금 늦은
1990년에 미국 캘리포니아에 위치한 로마린다대학은 대규모로 대
학병원에 양성자빔 암치료기를 설치했으며 지금은 세계 최대의 양
성자 치료센터로 발전하였다. 양성자 치료센터의 양성자가속기에
서 가속된 양성자는 전자석으로 된 전송장치를 거쳐 환자 받침대인
여러 대의 갠트리gantry로 전달된다. 각각의 갠트리에서는 양성자빔
이 주입구를 거쳐 환자의 암 부위에 주입되는데, 최초로 이 시스템

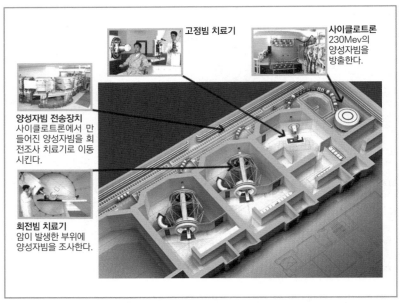

그림 6-5 **국립암센터 양성자빔 암치료기 구조** 국립암센터는 2007년 3월 양성자
치료장비로 암치료를 시작하였다. 양성자 치료시설에는 양성자빔을 방출하는
사이클로트론, 양성자빔, 암세포에 양성자빔을 조사하는 고정빔 치료기와 회
전빔 치료기가 있다.

을 마련한 로마린다대에서는 1985년에 이미 양성자 치료 협력단을 페르미연구소에 파견하여 양성자가속기 설계기술을 지원받기도 했다. 윌슨이 설립을 주도한 바로 그 연구소다.

양성자 암치료는 X-선보다 안전한 치료법이라는 것이 밝혀졌지만, 양성자가속기를 설치하고 환자에게 입자빔을 주입하는 장비인 갠트리와 하전입자를 갠트리까지 전달하는 빔가이드를 갖추는 데 엄청난 비용이 들어가기 때문에 시설투자 속도가 느린 편이다.

☀ 양성자 치료기의 미래

이런 한계가 있지만 더 안전한 암치료장비에 대한 열망으로 어려움을 극복해 가고 있다. 로마린다대학의 선구적 투자 이래로 2016년 현재 양성자 암치료실은 전 세계적으로 207실까지 확대되었다. 한국에도 국립암센터와 삼성의료원이 사이클로트론을 도입하여 운영 중이며, 2030년까지 전 세계적으로 양성자 암치료실은 약 1만 2,000실로 늘어날 것으로 예상하고 있다. 현재 양성자를 이용한 암치료 대상 부위는 전립선, 뇌 기저부, 폐 등에 집중되고 있으며, 특히 방사능 피폭에 민감한 소아를 대상으로 한 소아암 분야에 응용이 확대되고 있다.

양성자 치료기를 포함하는 양성자 치료실의 설치비용은 기술이 발전하고 있고 수요 증가로 앞으로 더 내려갈 것으로 기대되고 있다. 사이클로트론 등 양성자가속기는 점점 더 소형화되고 있어서 갠트리에 직접 설치하는 기술도 연구되고 있다. 이렇게 되면, 양성자 가속기에서 빔가이드 없이 입자빔을 갠트리로 바로 보내줄 수 있다. 싱크로트론을 이용한 탄소이온가속기 등 중입자 치료장치에 대한 연구와 응용도 특히 일본을 중심으로 활발히 진행되고 있다.

어니스트 로런스와 그의 동생 존 그리고 제자 로버트 윌슨이 서로의 어깨 위에 올라가서 발전시켜 나간 창의적이고 진취적인 연구개발은 더욱 안전하고 치료효과가 높은 양성자 암치료기를 인류에게 선사하였다. 한 나라뿐 아니라 인류문명 전체를 가치 있게 만든 멋진 발명품이다.

07

인체 내부를 입체영상으로 보는 CT와 MRI

CT의 개발과 1979년 노벨 생리의학상 수상자 코맥

💡 컴퓨터단층촬영(CT)

인체를 촬영한 X-선 영상은 X-선이 부위별로 통과하면서 생기는 그림자를 보여 준다. 뼈와 공기가 가득 찬 폐처럼 다른 조직과 확실히 구별되는 부위 말고도 우리 몸 안의 근육, 힘줄, 혈관과 신경은 연조직으로 각 부위별 밀도가 다르다. 따라서 해당 부위를 투과하는 X-선의 양도 서로 조금씩 차이가 난다. 문제는 영상에 표시되는 각각의 부분은 일정한 두께를 통과해 지나온 투과상이라는 점이다. 가슴뼈 뒤에 폐나 간 또는 심장 어느 것이 놓여 있어도 가슴뼈에 가려진 부분은 뼈만 보인다.

그렇지만 가슴뼈가 흉부를 완전히 둘러싸는 것은 아니어서 다른 쪽에서 보거나 각도를 기울여서 관찰하면 뼈에 가려졌던 부분을 볼 수 있다. 이렇게 서로 다른 방향에서 찍은 여러 장의 사진을 모

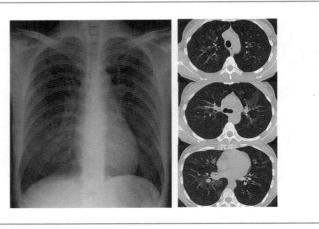

그림 7-1 인체의 X-선 가슴 부위 투과영상(왼쪽)과 투과영상을 합성해 만든 절
단면 영상(오른쪽)

아서 합성하면 인체 내부를 입체적으로 보여 주는 영상을 얻을 수
있다. X-선을 이용한 인체 내부 입체영상 획득방법은 1956년부터
이듬해까지 남아프리카공화국 케이프타운의 그루트슈어병원[1]에
서 암치료용 방사선 용량을 계산하던 앨런 코맥Allan McLeod Cormack,
1924~1998이 푸리에 변환Fourier transform[2]을 이용해 찾아냈다.

　미국 터프츠대학으로 자리를 옮긴 코맥은 1963년에 최초의 컴
퓨터단층촬영Computed Tomography, CT 영상을 얻었다. 단층촬영에 컴
퓨터란 단어가 항상 달라붙는 이유는 컴퓨터로 처리해야 하는 복잡
한 계산이기 때문이다. 그렇지만 당시의 컴퓨터 성능으로는 인체진
단에 필요한 복잡한 계산을 할 수 없어서 영상이 뚜렷하지 않았다.
더구나 학계의 반응이나 후속 연구도 없었던지라 코맥도 그 뒤로
한동안 자신의 본업인 핵물리와 입자물리 연구에 전념했다.

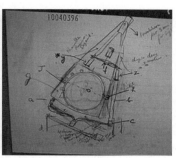

그림 7-2 하운스필드의 시제품과 설계도

　영상을 얻을 때 X-선의 방향을 고정해 놓고 위아래로 이동하면서 찍는 방식보다는, 인체를 둘러싸고 회전하면서 X-선 영상을 촬영하는 방법을 취하면 영상합성에서 더 또렷한 상을 얻을 수 있다. 회전시키면 한쪽에서 찍을 때 멀었던 부위가 반대편에서 촬영할 때는 가까워지기 때문이다. 코맥의 첫 번째 입체영상 획득 후 8년이 지난 1971년에 EMI에서 근무하던 하운스필드Godfrey Newbold Hounsfield, 1919~2004는 우리 몸을 한 바퀴 돌면서 스캔한다고, 스캐너scanner라는 이름을 붙인 컴퓨터단층촬영 장치3를 개발했다.

　회전하는 X-선으로 찍은 단면 영상을 성능이 향상된 컴퓨터 계산으로 합성하자 입체영상은 이전보다 또렷해졌다. 이때부터 컴퓨터단층촬영 장치가 흉부와 두경부의 질환을 진단하는 필수 장비로 자리 잡기 시작했다. 하운스필드는 1972년에 뇌의 단면 영상을 얻었으며, 1975년에는 전신영상을 얻을 수 있는 장비를 개발하였다. 이후 코맥과 하운스필드는 '컴퓨터단층촬영술 개발' 공로로 1979년에 노벨 생리의학상을 수상했는데, 의사가 아닌 물리학과 전기공학을 연구한 사람이 생리의학상을 받은 드문 경우다.

💡 더 안전한 진단도구

인체 내부를 들여다보게 해 주는 획기적인 기술이지만 컴퓨터단층촬영은 다량의 X-선이 촬영자에게 노출되기 때문에 허용범위를 두고 논란이 생기기도 한다. X-선의 투과를 막아 그림자를 만드는 조영제를 투여하므로 혈관이 지나는 부위도 볼 수 있지만, 뇌나 간 또는 척수처럼 혈관이 없거나 복잡한 몸속의 연부조직을 자세히 관찰하는 데에는 한계가 있었다. X-선을 포함한 방사선을 사용하지 않으면서도 몸속을 더 자세히 들여다보는 장치에 대한 연구가 시작된 이유다.

인체를 통과할 수 있는 신호는 X-선 말고도 자기장이 있다. 자석을 종이로 가로막아도 종이 뒤의 못을 끌어당기듯이 자기장은 전

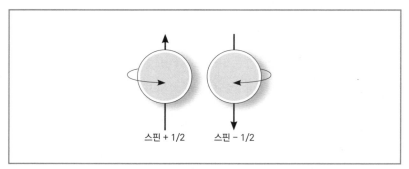

그림 7-3 수소 원자핵인 양성자의 가능한 스핀 상태

기가 통하지 않는 부도체를 통과해 지나간다. 우리 몸도 부도체에 가까우니 자기장이 통과할 수 있고, 자기장은 그 과정에서 우리 몸속 세포에 있는 수소원자와 영향을 주고받는다. 수소원자는 양성자 하나와 전자 하나로 구성되어 있어서, 전자는 양성자 주위 공전운동에 해당하는 궤도orbital 분포와 자전운동에 해당하는 스핀 분포 값을 함께 갖지만, 양성자는 공전운동을 하지 않으므로 스핀 분포의 값만 가진다. 스핀은 전자 또는 양성자의 자전 방향에 따라 '+'와 '−' 두 개의 값 중 하나를 가진다.

☀ 자기공명영상(MRI)

자기공명영상Magnetic Resonance Imaging은 그 원리를 풀어 쓴 핵자기공명 컴퓨터단층촬영Nuclear Magnetic Resonance Computed Tomography, NMR-CT으로도 불린다. 수소원자의 핵을 이루는 양성자의 스핀 상태가 자기장 속에서 특정 전자기파와 공명하는 효과를 이용해서 영상을 얻는다는 이야기다. 인체를 촬영하는 자기공명영상은 양성자가 자기장과 공명하면서 특정 주파수의 전자파를 흡수하고 방출하는 형태를 측정하여 영상을 만들어 낸다.

사람 몸의 60~70%인 물분자 속의 수소 원자핵인 양성자가 강력한 자기장 속에 놓이면 스핀 방향이 자기장의 방향과 나란하거나 반대인 두 에너지 상태로 정렬된다. 여기에 원래 자기장과 수직 방향으로 고주파의 자기장을 가하면 수소 원자핵이 전자파 자기장의 에너지를 흡수해 정렬된 에너지 상태를 바꿀 수 있다. 이를 핵자기공명이라 하며 이때 정렬된 에너지 상태의 변화가 만드는 전위차 감쇠를 검출해서 형성하는 영상이 자기공명영상이다. 수소 아닌 다른 원소도 가능하므로, 뼈를 관찰할 때는 뼈에 많이 있는 인p의 원자핵으로 영상을 얻기도 한다.

1971년에 미국인 의사 다마디안Raymond Vahan Damadian, 1936~은 핵자기공명영상으로 종양세포와 정상세포를 구별할 수 있다는 논문4을 《사이언스》에 발표했고, 1972년에 세계 최초로 MRI 특허US 3,789,832, Apparatus and method for detecting cancer in tissue를 출원하여 2년 뒤에 등록받았다. 그러나 다마디안의 연구에는 해상도와 속도에서 몇 가지 결함이 있었고, 이는 폴 로터버Paul Christian Lauterbur, 1929~2007와 피터 맨스필드Peter Mansfield, 1933~2017의 후속 연구로 극복되었다.5

로터버는 자기장에 경사변화gradient를 주어서, 전자파가 방출된 원자핵의 위치를 결정하여 액체에서 2차원 영상6을 만들 수 있었다. 맨스필드는 고체의 결정구조를 연구할 때 X-선 대신 핵자기공명을 이용하는 방법을 연구하면서, 푸리에 변환을 이용하여 깨끗한 영상을 구현하였다. 맨스필드의 다음 목표는 액체구조의 영상을 획득하는 것이었다. CT처럼 선주사영상화line-scan imaging라는 개념을 도입한 맨스필드는, 1977년에 살아 있는 인간의 신체 부위에 대한 영상인 손가락 단면 영상을 세계 최초로 촬영하는 개가를 올렸다.

로터버와 맨스필드는 '자기공명영상에 관한 연구'에 대한 공로

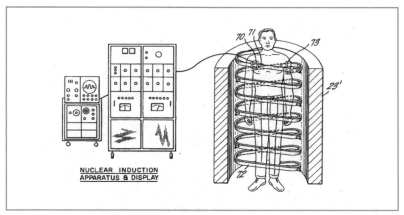

NUCLEAR INDUCTION
APPARATUS & DISPLAY

그림 7-4 다마디안이 세계 최초로 출원한 MRI 특허 도면

로 2003년 노벨 생리의학상을 공동 수상하였다. 그러나 수상에서 제외된 다마디안은 격렬하게 반발하였으니, 미국과 스웨덴의 주요 일간지에 "다마디안의 친구들"이란 이름으로 전면광고[7]를 싣기도 했다. 다마디안이 이렇게 할 수 있었던 이유는 특허권 로열티 수입으로 재산을 제법 모았기 때문이다.

그런데 로터버는 노벨상을 받았지만, 당시 재직 중이던 뉴욕주립대학에서 특허 출원을 거부하는 바람에 큰돈을 벌 수 있는 기회를 놓쳤다. 로터버가 대학당국에 요청했던 특허 출원 신청에 대한 대학의 대답은, 특허 절차에 소요되는 비용을 회수할 만큼 기술적 가치가 크지 않은 발명이라서 출원할 수 없다는 것이었다. 특허 가치를 평가하는 일이 얼마나 어려운가를 보여 주는 사례 중 하나다.

이에 비해 맨스필드가 소속되어 있던 노팅엄대학에서는 특허로 권리를 보호해 주어, 맨스필드는 MRI의 상업화 이후 엄청난 부자

United States Patent [19] [11] **4,115,730**

Mansfield [45] **Sep. 19, 1978**

[54] **NUCLEAR MAGNETIC RESONANCE APPARATUS AND METHODS**

[75] Inventor: **Peter Mansfield**, Chilwell, England

[73] Assignee: **National Research Development Corporation**, London, England

[21] Appl. No.: **785,448**

[22] Filed: **Apr. 7, 1977**

[30] **Foreign Application Priority Data**

Apr. 14, 1976 [GB] United Kingdom 15295/76
Jul. 20, 1976 [GB] United Kingdom 30187/76

[51] **Int. Cl.**² **G01R 33/08**
[52] **U.S. Cl.** .... **324/0.5 A**; 324/0.5 B
[58] **Field of Search** .... 324/0.5 R, 0.5 A, 0.5 B

[56] **References Cited**

U.S. PATENT DOCUMENTS

4,015,196 3/1977 Moore et al. .... 324/0.5 R
4,021,726 5/1977 Garroway et al. .... 324/0.5 A

Primary Examiner—M. Tokar
Attorney, Agent, or Firm—Cushman, Darby & Cushman

[57] **ABSTRACT**

A nuclear magnetic resonance spin density distribution in a sample is obtained for a selected plane or planes by placing the sample in a static magnetic field, applying a gradient to the field and simultaneously applying selective rf pulses to select a plane or planes in the sample, switching to an orthogonal gradient and simultaneously applying selective rf pulses to select strips in the selected plane or planes and then applying orthogonal field gradients to the sample of such relative magnitudes that each point of the selected strips is subjected to a resultant magnetic field of amplitude unique to that point. The free induction decay signal is then read out from the strips.

그림 7-5 맨스필드가 미국에 출원한 MRI 특허 정보

가 되었다. 노벨상의 영예와 함께 큰 부를 누린 맨스필드는 대학에 MRI연구소 설립자금을 기부했고 대학은 연구소에 맨스필드의 이름을 붙여 그를 기념했다. 자성[8]을 이용한 입체영상의 역사에 이름을 남긴 세 사람 중, 다마디안이 부를 누리고 로터버가 명예를 가졌다면, 맨스필드는 부와 명예를 모두 확보한 셈이다.

X-선 컴퓨터단층촬영CT은 상대적으로 비용이 적게 들고, 빠른 시간에 3차원 영상을 얻을 수 있다는 장점이 있다. 이를 개선한 핵자기공명영상은 방사선의 영향에 대한 우려를 없애서 임산부도 촬영할 수 있고, 일반 CT로는 얻기 힘든 영상 부위인 공기가 많은 곳이나 뼈로 둘러싸인 부분에서도 깨끗한 영상을 얻을 수 있다. 또한 조직 자체가 변형되지 않아서 CT로는 찾기 어려운 병변도 찾아낼 수 있고 그 성질을 조사할 수 있는 장비까지 개발되었다.

X-선 CT 기술은 암세포에 모이는 포도당과 반응하는 양전자를 활용하여 양전자방출 컴퓨터단층촬영기Positron emission tomography-computed tomography, PET-CT로 발전했다. 전신 입체영상으로 온몸의 암세포를 조사하는 장비다. 이 장비에서도 CT를 MRI로 대체한 PET-MRI 장비가 개발되었다.

mRNA 기반 코로나19 백신 개발의 영웅, 커리코

앞서 본 바와 같이 페니실린 연구로 플레밍이 체인, 플로리와 함께 1945년 노벨 생리의학상을 수상한 데는, 그 전년도에 있었던 노르망디 상륙작전에 페니실린을 공급했던 화이자의 대량생산 성공도 영향을 미쳤을 것이다.

코로나19 팬데믹 상황에서 화이자는 mRNA 기반 백신 개발 성공으로 페니실린 양산처럼 기적의 역사를 재현하고 있다. 이번에는 화이자와 공동 연구를 수행한 독일의 바이오엔테크는 물론 제품생산의 경쟁사가 된 모더나까지, 원천특허의 발명자인 커털린 커리코(Katalin Karikó, 1955~)의 노벨 생리의학상 수상 가능성을 높이는 역할을 수행하고 있다.

mRNA 기반 코로나19 백신 제조는 미국 회사인 화이자와 모더나가 하지만, 핵심 기술은 모더나와 바이오엔테크가 보유하고 있다. 화이자는 팬데믹 초기인 2020년 3월 바이오엔테크와 mRNA 기반 백신 공동 개발 협약을 체결했는데, 이는 양사가 2018년에 맺은 mRNA 기반 인플루엔자 백신 공동 개발 계약이 있어서 가능했다.

거대 기업 화이자가 바이오엔테크와 공동 연구를 한 이유는 특허 때문이다. mRNA 관련 원천특허는 헝가리 출신인 커털린 커리코가 펜실베이니아대학에서 연구교수로 근무하던 2005년에 출원했다. 특허를 소유한 펜실베이니아대는 생명과학 기업인 셀스크립트에 독점 실시권을 넘겼고, 셀스크립트는 모더나와 바이오엔테크에 다시 실시권을 허락했다. 바이오엔테크는 발명자 커리코를 2013년 영입했으며, 모더나는 2010년부터 커리코의 특허를 바탕으로 연구하던 회사였다.

mRNA를 세포에 주입하면 면역체계는 이를 외부로부터 침입한 병원체로 인식하여 염증반응을 일으켰다. 이는 mRNA를 직접 이용하는 연구가 외면된 이유이기도 했다. 커리코 역시 계속된 실패로 연구비도 받지 못하는 상황까지 몰렸지만 또 다른 RNA인 tRNA에서 면역체계를 통과하는 단백질을 찾아내서 장벽을 넘어섰다.

여기까지 왔지만 연구비는 지원되지 않았고, 자신이 발명한 기술임에도 그 특허를 실시할 권한도 다른 곳으로 넘어갔다. 그래도 커리코는 끝내 특허 실시가 가능한 방법을 찾아서 마침내 백신 개발까지 해냈다. 이 과정에서 기술의 가치를 내다보고 작은 기업인 바이오엔테크와 공동 개발 투자결정을 내린 화이자의 판단 또한 빛났으며, 일찌감치 커리코의 특허가치를 알아보고 독자연구를 계속해 온 모더나는 짧은 기간에 세계적인 대기업 화이자와 경쟁하는 위치에 올랐다.

앞으로 커리코에게 노벨 생리의학상이 수여된다고 해도 의아해 할 사람은 없을 것이다.

II

'해 아래에 새것'을 만들다

* 해 아래에는 새것이 없나니(전도서 1장 9)

2013년 노벨 평화상은 개인이 아닌 화학무기금지기구에 수여되었다. 대부분의 유엔회원국이 가입하고 있으며, 핵확산방지조약과 달리 특정 국가의 선택적 예외를 인정하지 않는 이 기구의 설립근거는 〈화학무기의 개발·생산·비축·사용금지 및 폐기에 관한 협약〉이다. 화학무기의 생산과 사용은 물론 개발 자체를 금지할 정도로 화학무기에 대한 인류의 혐오는 강력하다.

화학무기를 전쟁에서 처음 사용했다고 지적받는 나라는 제1차 세계대전 당시의 독일이고, 그 무기는 염소 기체(Cl_2)며, 이를 만들고 실행한 사람은 화학자 프리츠 하버(Fritz Haber, 1868~1934)다. 아무리 전시라고 해도 떳떳하지 못한 행위였으므로 발사체를 사용하지 않고 바람이 상대편을 향해 불 때 염소 기체를 대기에 노출시키는 방법을 썼다. 염소 기체가 공기보다 평균 2.5배 무겁기 때문에 바닥으로 가라앉는 성질을 이용한 잔꾀였다.

하버에게는 '독가스의 아버지'라는 별명이 붙어서 과학자 사회에서도 노골적인 경멸을 받은 터라, 암모니아 합성의 공으로 1918년 노벨 화학상을 받을 때에도 반대가 심했다. 심지어 아내인 화학박사 클라라 임머바르(Clara Immerwahr, 1870~1915)가 권총자살을 한 이유도 하버의 독가스 연구로 인한 갈등 때문이었다는 주장이 있다. 하버는 염소 기체뿐 아니라 역시 제1차 세계대전에 사용된 포스젠($COCl_2$)과 머스타드 가스($C_4H_8Cl_2S$)의 개발도 주도했다. 질소비료의 재료인 암모니아 인공합성에 성공해 인류의 식량난 해결에 큰 기여를 한 하버의 어두운 이면이다.

인류에게 더 많은 식량을 공급하기 위한 한 가지 방법이 비료 공급이었다면 또 다른 방향의 접근으로는 육종을 통한 곡물의 품종개량이 있다. 과학의 발달은 교배육종의 긴 과정을 유전자재조합 또는 유전자조작으로 단축시켰지만, 유전자재조합과 유전자조작이라는 이름의 차이만큼이나 받아들이는 입장도 서로 달랐다. 중립적인 용어인 유전자변형이 등장했지만 양측의 입장 차이는 줄어들지 않았다. 유전자변형작물은 기존의 작물 유전자에 다른 식물의 유전자를 끼워 넣어 새로운 성질을 갖도록 한 작물이다.

급기야 2016년 8월 100여 명의 노벨상 수상자들은 환경운동단체 그린피스에게 유전자변형작물인 황금 쌀에 반대하는 운동을 멈추라고 요청하기에 이르렀다. 여기에 더해 유전자변형생물(GMO)을 지지하는 홈페이지(support-precisionagriculture.org/)를 개설하고, 지속적인 GMO의 안전성 홍보와 함께 추가 지지자를 모집해서 2021년 4월에는 참여한 노벨상 수상자가 157명으로 늘어났다.

황금 쌀은 비타민 A의 원료인 베타카로틴($C_{40}H_{56}$)을 생산하는 신품종 벼로, 이 벼에서 생산된 쌀을 먹을 경우, 쌀 이외의 곡물이나 고기를 제대로 먹지 못하는 아시아와 아프리카 저개발국에서 많이 발생하는 비타민 A 결핍증을 예방할 수 있다. 2017년도 세계보건기구(WHO) 자료에 따르면 약 2억 5,000만 명의 취학 전 어린이들이 비타민 A 결핍증을 앓고 있으며, 매년 25만에서 50만 명의 어린이가 시각을 잃고 그중 절반은 시력을 잃은 지 12개월 이내에 사망한다.

베타카로틴이 노란색을 띠기 때문에 황금 쌀이란 이름을 얻었지만, 이름과는 달리 개발 직후부터 여러 가지 논란에 시달렸다. 공공기금의 지원을 받아 개발했음에도 개발자인 포트리쿠스와 베이어가 특허에 관한 권리를 다국적 농업기업인 신젠타에 넘긴 행위에 대해 반인도주의라는 비난이 일기도 했다. 그러나 실제로 발명자와 신젠타는 저개발국에서 황금 쌀을 생산하거나 후속 연구를 통한 신품종을 생산할 때 부과할 수 있는 특허료를 면제하기로 하였고, 이와 같은 인도주의적 행위에 대해 미국 특허상표청은 2015년 인류를 위한 특허상을 수여하기도 했다.

그린피스는 왜 황금 쌀에 반대하는가? 황금 쌀은 1984년에 필리핀에서 열린 국제농업회의에서 제안되었고, 록펠러재단의 후원으로 자연과정인 교배육종으로 얻으려고 했지만 오랜 시간 동안 성공하지 못해서 도중에 유전자변형기술로 바꾸어 개발했기 때문이다. 그린피스는 신젠타의 특허 기부행위조차 다국적 식품기업의 홍보전략일 뿐이라고 본다. 유전자변형작물을 두고 날선 싸움이 이루어지는 동안 생명공학은 DNA의 염기서열을 잘라 내고 붙이는 이른바 유전자가위 기술을 개발했다. 유전자변형이 레고블록을 한두 개 덧붙이는 거라면, 유전자가위는 개별 레고블록을 부분적으로 잘라 내고 그 조각을 다른 곳에 덧붙이는 방법이다. 유전자변형을 두고도 합의에 도달하지 못한 인류에게, 인간에게도 적용할 수 있는 유전자가위 기술은 적어도 생명윤리의 관점에서는 너무 일찍 온 미래일 수 있다.

신물질은 익숙한 재료로 만들기도 한다. 흑연과 다이아몬드에 더해 탄소원자를 배열하여 만든 축구공 형태의 풀러린은 그 이름을 미국의 건축가 풀러(Richard Buckminster Fuller, 1895~1983)에서 따왔다. 풀러린의 탄소배열이 그가 만들어 유명해진 측지선 돔이라는 건축물 구조를 닮았기 때문이다. 여기에 그치지 않고 탄소가 원통 형상으로 배열된 카본나노튜브 구조가 밝혀지고, 원통을 잘라서 편 형태인 그래핀도 개발되었다. 새로운 반도체 또는 가볍고 단단한 소재로 응용 분야가 예상되는 그래핀의 발견에는 노벨상이 주어졌으나 그 과정에 기대를 모았던 한국인 김필립은 아깝게 수상자 명단에 포함되지 못했다.

그런가 하면 일본 시마즈제작소의 평범한 직장인이었던 다나카는 회사에서 수행했던 연구로 새로운 고분자질량분석방법을 개발해서 노벨 화학상을 수상해 세상을 놀라게 했다. 누구보다 자신이 가장 놀랐다는 다나카의 사례는 노벨상의 관심이 심오한 기초과학이나 대규모 국가 지원과제에만 있는 것이 아님을 다시 한번 보여 주었다.

노벨상 수상의 기회는 때로 극적인 구원 기회를 제공하기도 한다. 로마대학에서 물리학을 가르치던 엔리코 페르미(Enrico Fermi, 1901~1954)의 아내 로라는 유대인이었는데, 독일과 동맹을 맺은 이탈리아 파시스트 정부가 유대인의 시민권을 제한하는 인종법을 1938년에 제정했다. 위기를 감지한 페르미가 가족과 함께 망명을 꾀했지만 아무리 로마대의 교수라고 해도 유대인 아내와 유대인의 피가 섞인 아이를 데리고 국경을 넘는 일은 쉽지 않았다. 기막힌 우연으로 페르미는 그해 노벨 물리학상 수상자로 선정되었고, 노벨상이 수여되는 영광의 자리에 참여한다는 명분을 내세워 페르미 가족은 1938년 12월 6일 아침에 로마역을 출발하는 열차에 무사히 탑승할 수 있었다.

느린 중성자를 원자핵 속으로 밀어넣어 핵반응을 유도한 페르미의 업적은 노벨상을 받기에 부족함이 없었지만 페르미도 노벨상위원회도 이 핵반응을 단순히 핵 속의 중성자와 양성자의 변화로만 생각했지 우라늄 핵이 쪼개지는 핵분열인 줄은 몰랐다. 우라늄 핵분열까지 확인해야 했다면 페르미는 불과 37세 나이인 1938년에 노벨상 수상자가 되지 못했을 수도 있었다. 다행히 필요한 시기에 노벨상을 받게 된 페르미는 그 절호의 기회를 이용해 유대인 아내, 어린 두 아들과 함께 무솔리니가 지배하는 이탈리아를 떠나 미국으로 망명할 수 있었다. 이렇게 미국에 도착한 페르미가 시카고대학에 만든 원자로는 원자핵에 묶여 있던 에너지를 풀어 밖으로 끌어낸 최초의 장치다.

08
비료와 독가스
암모니아 합성과 1918년 노벨 화학상 수상자 하버

☀ 칠레초석과 질산

유기물인 식물이 성장하려면 탄소, 수소, 산소와 함께 무기염류를 흡수해야 한다. 사람에게 필요한 비타민처럼 식물에게도 결핍되면 안 되는 무기염류가 있는데 성장에 필수적인 질소N, 인P, 칼륨K으로, 경작물에는 자연흡수로 부족해서 비료를 통해 보충해 주어야 한다. 탄수화물 대사에 필요한 인은 열매의 생장에 필요하며, pH 변화를 조절하는 칼륨은 뿌리의 성장에 중요하고, 엽록소를 만드는 질소는 잎의 성장에 필수적이다. 이 중 20세기 초에 자연비료의 고갈로 가장 문제가 된 비료는 질소비료였고, 질소비료 성분인 암모늄염 등은 암모니아로부터 만들어야 했다.

암모니아는 동물이 단백질을 소화 분해하면 생성되는 성분이다. 단백질에 질소가 포함되어 있기 때문이다. 그런데 암모니아가 가진 독성 때문에 사람을 포함한 포유류는 암모니아를 간에서 요소로 만들어 배출하고, 새는 요산으로 배출한다. 사람도 요산을 일부 생성해서 하루에 0.7g 정도 배출하는데 어떤 이유로든 체내에 요산이 쌓이면 통풍에 걸리게 된다. 이처럼 질소는 사람과 가축의 소변에도 포함되어 있으므로 이를 이용한 퇴비 등 천연비료를 사용하다가 농업생산 규모가 늘어나는 데 따른 질소 수요 증가로 암모니아를 찾게 되었다. 석탄 건류 과정의 부산물로 얻게 된 암모니아 생산은 1880년대부터 시작되었지만 비료 수요를 따라가기에는 어림도 없었다.

안데스산맥 서쪽 태평양 연안 건조지대인 아타카마사막 해안가에 엄청나게 쌓인 새똥의 퇴적층이 발견된 것도 1800년대 중반이었다. 안데스 토착민 언어로 새똥이라는 뜻을 가진 구아노 퇴적층은 자그마치 350km에 걸쳐 높이 1.5m 정도 쌓여 있었다. 칠레는 전쟁[1]까지 벌여 페루와 볼리비아에 걸쳐 있던 이곳을 독차지한다. 그 결과 페루초석이라고도 불리던 질산나트륨은 칠레초석으로 이름이 바뀌었고, 볼리비아가 해안 영토를 빼앗겨 내륙 국가로 고립된 것도 이때였다. 하지만 이렇게 엄청난 양의 칠레초석도 인구 증가에 따라 늘어나는 비료 수요를 충족시키기에는 부족했다. 게다가 질산나트륨은 폭약을 만드는 질산의 원료로도 사용되었으므로, 유럽에서 전쟁이 일어나면 바다를 장악한 측에서 칠레를 출발해 상대방으로 가는 질산나트륨 운송부터 가로막아서 질소비료의 공급까지 막혀 버리곤 했다.

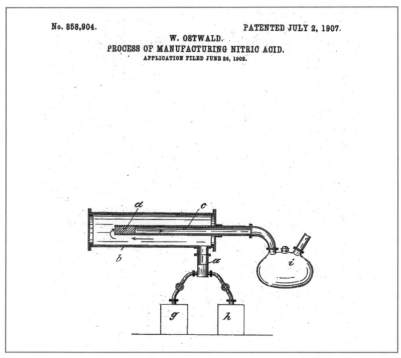

No. 858,904.   PATENTED JULY 2, 1907.

W. OSTWALD.

PROCESS OF MANUFACTURING NITRIC ACID.

APPLICATION FILED JUNE 26, 1902.

그림 8-1 **오스트발트의 질산 합성 미국 특허** 그림에서 d가 촉매물질이다. g와 h
는 반응기체를 공급하기 위한 펌프며, a에서 공급된 혼합기체는 외부 관 b를
거쳐 촉매를 통과하여 관 c를 지나 저장용기 i로 이동한다.

　　20세기가 되자 칠레초석으로 만들던 질산을 암모니아로도 합성
할 수 있게 되었다. 독일의 화학자 오스트발트Friedrich Wilhelm Ostwald,
1853~1932가 1902년에 암모니아로 질산을 만드는 오스트발트 공정
을 발명해 특허로 출원했다. "촉매, 화학평형과 반응속도에 대한 기
초이론"으로 1909년에 노벨 화학상을 받은 오스트발트는 로듐을
함유한 백금 촉매를 사용하여 암모니아 기체와 산소를 반응시켰다.
화학 교과서와 과학철학에 관한 책의 저술로도 유명한 오스트발트

는 촉매를 현대적으로 정의한 사람으로 평가받는다.

이제 질산은 질산나트륨뿐 아니라 암모니아로도 만들 수 있었다. 그러나 질산나트륨 못지않게 암모니아도 구하기 힘든 물질이었다. 오스트발트 공정은 출발물질인 암모니아가 있어야 의미가 있었다. 오스트발트도 암모니아를 합성하기 위해, 철을 촉매로 사용하여 고온과 고압 조건에서 수소와 질소를 반응시켰으나 성공하지는 못했다.

☀ 암모니아 합성

질소와 산소가 반응하여 암모니아가 생성되는 화학반응식은 다음과 같다. 질소 기체 1몰과 수소 기체 3몰이 반응하여 2몰의 암모니아 기체가 생성되며, 반응물과 생성물의 에너지 함량 차이인 반응 엔탈피가 음의 수로 나타난다. 즉 이 반응으로 열이 생기는 발열반응임을 나타낸다. 과학용어로 정리하면 엔탈피H는 물질이 가지고 있는 고유 에너지 함량이고, 반응 엔탈피 ⊿H는 생성물의 엔탈피 합에서 반응물의 엔탈피 합을 뺀 값[2]이다. 이 값이 음이므로, 생성물이 가지는 고유 에너지 함량은 반응물이 가지는 고유 에너지 함량보다 작아서 그 차이만큼 열로 방출된다.

$$N_2(g) + 3H_2(g) \rightarrow 2NH_3(g) \quad \varDelta H = -92kj/mol$$

가역반응인 화학반응이 평형상태를 이룰 때 어떤 자극이 가해지면, 그 가해진 자극을 완화하거나 제거하는 방향으로 반응이 진행되어 새로운 평형상태에 도달하게 된다. 이 원리를 발견한 르 샤틀리에Henry Louis Le Châtelier, 1850~1936의 이름을 딴 르 샤틀리에의 원리 Le Chatelier's Principle[3]에 따르면, 가해진 자극이 압력을 높이면 압력을 낮추는 방향으로 반응이 진행하고, 온도를 높이면 온도를 낮추는 방향으로 반응이 흘러간다.

암모니아 합성반응에서 압력을 살펴보면 질소 기체 1몰과 수소 기체 3몰이 반응하여 암모니아 기체 2몰이 생성되므로 반응이 진행될수록 기체부피가 감소해 압력이 줄어든다. 그러므로 외부에서 줄 수 있는 자극으로 압력을 높이면 화학반응은 압력을 줄이는 방향으로 진행되어 암모니아를 더 많이 생성한다. 또한 발열반응이어서 반응 시 전체 온도가 올라가므로, 온도를 낮추는 자극을 주어도 역시 온도를 높이는 방향으로 화학반응이 진행되어 암모니아는 더 많이 생성된다. 그렇지만 이 원리를 발견한 르 샤틀리에조차도 온도를 낮추고 압력을 높이는 방법으로 암모니아 합성을 시도하였으나 성공하지는 못했다. 실제 암모니아 합성공정이 복잡해서 온도와 압력의 통제가 제대로 이루어지 않은 탓이었다.

하버는 고압조건에서 오스뮴과 우라늄을 촉매로 사용해서, 550℃ 온도와 175기압의 고압에서 약 8%의 수율로 암모니아를 얻는 데 성공했다.[4] 하버는 함께 실험에 참여했던 영국 출신 화학자 로시뇰Robert Le Rossignol, 1884~1976과 함께 1908~1909년에 독일과 미국에 특허 출원도 하고, 독일의 화학회사인 바스프BASF에도 암

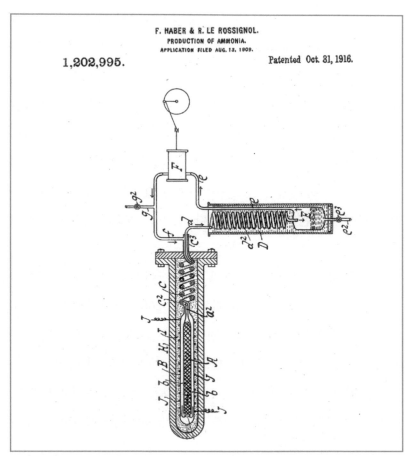

그림 8-2 하버와 로시뇰의 암모니아 합성 특허

모니아 합성 성공을 알렸다. 이제 암모니아는 황산과 섞어서 황산
암모늄을 만들어 비료로 사용하거나, 요소비료 생산을 위한 원료로
사용할 수 있는 준비가 된 듯했다.

그러나 연구 단계에서 성공했다고 양산을 보장할 수는 없다. 촉
매, 압력, 온도 모두 장애물로 다가왔다. 다행히 바스프에는 카를

보슈Carl Bosch, 1874~1940가 있었다. 세계적 자동차 부품 회사인 보슈를 창립한 로버트 보슈의 조카다. 보슈는 오스뮴 가격이 비싼데다 구하기도 어려워서 대체할 촉매를 찾기 위해 1만 번 이상의 실험을 하던 중 스웨덴 철광석에서 얻은 철5을 촉매로 쓰면 오스뮴과 같은 효과를 낸다는 것을 알아냈다. 실험실에서 양산과정으로 넘어가면서 해결해야 할 또 하나의 문제는 고압이었다. 약 200기압의 압력과 섭씨 500℃의 온도에서 암모니아 기체 혼합물에 견딜 만한 물질을 찾는 것이 새로운 과제로 다가왔다. 강철도 수소와 반응하므로 압력에 견디지 못했기 때문이다.

보슈는 용기를 이중관으로 제작하여, 내부 관은 크롬을 포함하는 저탄소크롬강으로 만들고 외부 관은 200기압까지 견디는 탄소강을 사용하였다. 반응은 내부 관에서 일어나고, 냉각 압축된 반응기체인 질소와 수소의 혼합기체를 내부 관과 외부 관 사이 공간으로 주입했다. 외부 관이 고압을 견디고 그 압력은 내부 관과 외부 관 사이 혼합기체를 통해 내부 관을 지탱하므로 내부 관은 500℃의 반응온도만 견디면 되었다.

고압을 견뎌야 하는 외부 관에 접촉하는 질소와 수소 혼합기체의 온도가 상대적으로 낮기 때문에 외부 관은 고온으로 인한 부담이 없이 고압만 견디면 되는 이 공법으로, 보슈는 암모니아 합성공정을 양산단계로 이끌 수 있었다. 암모니아 생산공법을 하버법 또는 하버-보슈법이라고 부르는 이유다. 보슈의 연구결과는 바스프가 특허로 확보했으며 곧바로 암모니아의 생산에 적용되었다.

UNITED STATES PATENT OFFICE.

CARL BOSCH AND ALWIN MITTASCH, OF LUDWIGSHAFEN-ON-THE-RHINE, GERMANY,
ASSIGNORS TO BADISCHE ANILIN & SODA FABRIK, OF LUDWIGSHAFEN-ON-THE-
RHINE, GERMANY, A CORPORATION.

CATALYTIC PRODUCTION OF AMMONIA.

1,083,585.   Specification of Letters Patent.   Patented Jan. 6, 1914.
No Drawing.   Application filed October 15, 1912.   Serial No. 725,814.

그림 8-3 보슈와 미타슈의 암모니아 합성 특허

카를 보슈는 화학적 고압방법의 개발에 대한 공로를 인정받아 1931년 노벨 화학상을 수상했다. 보슈와 함께 암모니아 합성법 특허에 이름을 올린 미타슈Alwin Mittasch, 1869~1953는 질산을 만드는 오스트발트 공정에서도 백금 대신 값싼 산화철로 촉매를 만들어 냈다. 미타슈는 제1차 세계대전으로 독일의 교전국이 된 러시아로부터 수입이 금지된 백금을 대체해서 질산을 암모니아로 값싸게 만들어 냈을 뿐 아니라 질산나트륨 생산에도 성공했다.

☀ 하버의 좌절

하버의 암모니아 합성은 스웨덴 왕립과학원이 밝힌 바와 같이 "농업표준과 인류복지를 향상시키는 매우 중요한 수단"을 만들어 낸 것이었다. 암모니아가 비록 폭약의 원료로 쓰일 수 있다고 해도 비료로 폭탄을 만드는 것까지야 어쩔 수 없는 노릇이다. 주방용 칼이 살인도구로 쓰인 적이 있다고 해서 칼을 만들지 않을 수는 없기 때문이다. 그러나 하버가 전쟁에 적극적으로 참여하여 독가스를 개발한 것은 결코 어쩔 수 없는 일로 치부할 수 없다.

화학박사였던 아내 임머바르는 독가스 개발과 사용의 가공할 만한 비극을 누구보다 잘 알았기에 연구 중단을 애원하다가 결국 죽음으로 항의했다고 한다. 설사 다른 이유로 자살했다고 해도 하버는 아랑곳하지 않았다. 그 전날 서부전선에서 돌아온 하버는, 아내가 죽은 날 바로 독가스전을 지휘하러 동부전선으로 떠날 정도로 냉혹했다. 독일인이라는 애국심에 불타 유대인이라는 정체성을 버리고 진정한 독일인이 되려고 했던 하버는 기독교로 개종했지만 끝내 독일인으로 받아들여지지 못했다. 나치가 집권한 직후 1933년에 독일에서 쫓겨난 유대인일 뿐이고, 독가스의 개발자라는 꼬리표는 죽은 뒤에도 그를 따라다니고 있다.

유전자변형과 유전자가위

재조합 DNA의 발견과 1980년 노벨 화학상 수상자 버그

☀ GMO(유전자변형생물)와 DNA

익숙하지 않은 대상이 가장 먼저 불러오는 감정은 두려움이다. 1950년대에 멕시코에서 밀 생산량을 두 배로 늘린 '앉은뱅이 밀'을 개발해서 녹색혁명을 이끌었던 노먼 볼로그Norman Ernest Borlaug, 1914~2009[1]의 교배육종도 처음에는 강한 반발과 마주했다. 황금 쌀 바로알기활동에 참여한 노벨 화학상 수상자인 장-마리 렌Jean-Marie Lehn, 1939~은 이 경험을 기억하라고 강조한다. 렌은 노벨상 수상자들의 황금 쌀 지지활동에 대해 다음과 같이 말한다.

우리의 이런 행동이 상황을 크게 바꿀 것이라고 확신하지는 못한다. GMO에 대한 사람들의 인식을 바꾸기 위한 것이 목표였다면, 아마 사람들의 감정을 이용하는 편이 더 쉬웠을 것이다. 하지만 우리가 이런 방법을 택한 이유는 과학적인 근거를 가지고 이성적으로 접근해 많은 이들이 공감할 수 있는 사회적 합의를 이끌어내기 위한 것이다.[2]

멘델Gregor Johann Mendel, 1822~1884이 완두콩을 이용하여 발견한, 부모로부터 자식에게 특정 형질이 유전되는 법칙을 논문으로 발표한 때는 1866년이었다. 멘델의 발견은 지금은 유전자gene로 불리는, 눈에 보이지 않는 어떤 '인자'의 작용을 최초로 밝힌 것이었으나 당시에는 별다른 주목을 받지 못하다가 1900년이 되어서야 그 진가를 인정받는다. 논문 발표부터 34년, 사망 후 20여 년이 지난 뒤였다. 1909년에는 덴마크의 식물학자 요한센Wilhelm Johannsen, 1857~1927이 유전 매개체인 그 '인자'를 지칭하는 용어로 유전자gene[3]를 제안하였다. '낳다'라는 어원을 가진 그리스어에서 유래된 말이었다.

유전형질을 나타내는 기본단위인 유전자는 1928년 초파리를 연구한 미국의 동물학자 모건Thomas Hunt Morgan, 1866~1945[4]에 의해 염색체상의 특정한 위치에 배열된다는 사실이 밝혀졌다. 비슷한 시기에 영국의 세균학자 그리피스Frederick Griffith, 1877~1941는 어떤 '유전정보 물질'이 세균 사이에서 전달되어 형질변환을 일으킬 수 있다는 사실을 알아냈고, 1944년에 에이버리Oswald Avery, 1877~1955는 전달되는 그 '유전정보 물질'이 DNA임을 찾아냈다.

DNA는 4개의 염기A, C, G, T로 구성된 생물학적 정보기록 단위를 배열한 핵산이다. 따라서 데이터 단위인 비트0, 1나 문자 단위인

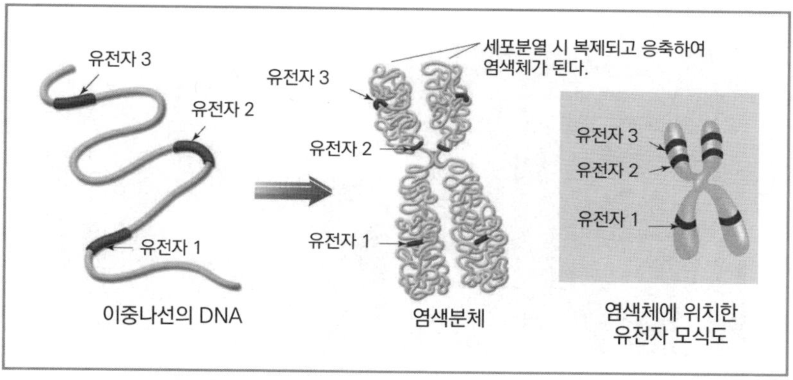

그림 9-1 유전자, DNA, 염색체

알파벳처럼 유의미한 구성으로 배열하여 사용할 수 있다. 유전매개체인 유전자는 DNA를 구성하는 부분이다. 그런가 하면 아무런 단어도 만들지 못하도록 알파벳을 늘어놓듯이 유전정보를 전혀 가지지 못하는 부분도 유전자와 유전자 사이에서 DNA의 부분을 구성한다. 염색체는 이런 DNA가 실과 같은 형태로 길게 늘어져 세포핵 내에 흩어져 있다가 세포분열 과정에서 응축되어 형성되는 X자 형태의 구조물이다. 염색체라는 이름은 세포구조를 관찰하는 데 도움을 받기 위한 염색시약으로 염색하면 잘 보이기 때문에 붙여졌다.

유전정보 물질이 DNA라는 것이 밝혀지자 DNA의 구조를 알아내기 위한 경주가 시작되었고, 승리자는 뜻밖에도 무명의 왓슨 James Dewey Watson, 1928~과 크릭Francis Harry Compton Crick, 1916~2004이었다. 이들은 1953년에 윌킨스Maurice Hugh Frederick Wilkins, 1916~2004와 프랭클린Rosalind Franklin, 1920~1958[5]의 X-선 데이터를 이용하여 DNA의 염기Base배열을 중심으로 한 이중나선모형을 제시하였고,

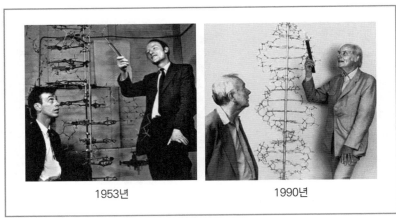

1953년   1990년

그림 9-2 이중나선모형 앞의 왓슨(왼편)과 크릭

윌킨스와 함께 1962년에 〈핵산의 분자구조 및 생체 내 기능에 관한 연구〉로 노벨 생리의학상을 공동 수상한다.

유전자가 포함된 DNA와 기타 단백질 등의 성분이 응축 배열되어 세포핵 속에 형성하는 염색체는 생물종별로 그 수가 서로 다르다. 염색체 수는 사람이 46개고, 초파리는 6개인가 하면 소는 60개며 닭은 78개로 지능이나 몸의 크기와는 무관하다. 식물도 양파는 16개고 벼는 24개며 감자는 48개이므로 염색체 수에 따른 어떤 경향을 찾아내기는 어렵다. 한 생물종의 염색체 전체에 포함되어 있는 DNA 서열을 게놈genome6이라고 하는데 유전자gene와 염색체chromosome의 합성어로, 우리말로는 유전체라고 부르자는 제안이 있다.

사람의 유전체에 포함된 DNA는 30억 쌍의 염기가 이중나선형으로 배열되어 있으며, 그 안에 유전자는 약 3만 개가 분포되어 있

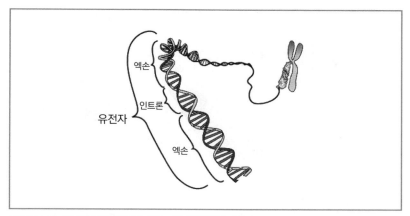

그림 9-3 염색체를 이루고 있는 단위유전자 구조

다. 유전자는 단백질의 정보를 담고 있는 엑손exon과 단백질 정보를
가지지 않은 인트론intron으로 구성되어 있으며, 엑손만 유전자라고
부르는 경우도 있고, 엑손만 연결된 유전자를 cDNA라고도 한다.
사람을 포함한 포유류의 경우에는 엑손보다 인트론이 더 많아서 더
긴 길이의 DNA 염기서열을 차지한다. 인트론은 로버츠Richard John
Roberts, 1943~와 샤프Phillip Allen Sharp, 1944~가 발견하였고, 이들은
1993년 노벨 생리의학상을 공동 수상하였다.

제한효소와 재조합 DNA(Recombinant DNA)

유전자는 세포의 유전체 내에서 유전 특징인 형질을 운반하기
때문에, 작물이나 가축이 새로운 형질을 가지도록 하려면 그 형질
을 나타내는 특정 유전자를 유전체 내에 삽입해야 한다. 또한 특정

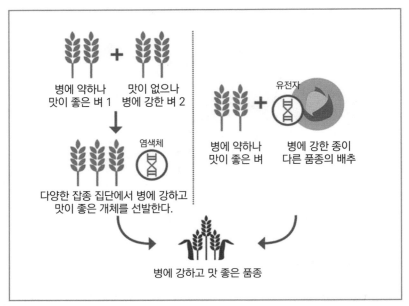

그림 9-4 전통적 육종방법(왼쪽)과 유전자변형 육종방법

유전자는 DNA 조각이므로, 결국 추출한 DNA 조각을 개량하고자 하는 작물이나 가축의 전체 DNA에 끼워 넣어야 한다.

특정 DNA 염기서열을 유전체에서 절단하여 DNA 조각을 만드는 제한효소restriction enzyme의 작용은 1962년 아르버Werner Arber, 1929~가 발견하였다. 1970년에 스미스Hamilton Othanel Smith, 1931~는 제한효소를 분리 정제하여 제한효소마다 특이한 지점에서 DNA를 절단한다는 사실을 확인하였다. 그 뒤 네이선스Daniel Nathans, 1928~1999는 원숭이의 종양 바이러스 DNA를 절단하고 구조를 설명하여 유전자지도를 완성하였다. 유전자를 자르는 제한효소를 발견하고 응용한 아르버, 스미스, 네이선스는 1978년 노벨 생리의학상을 공동 수상하였다.

제한효소로 절단한 DNA 조각을 다른 DNA에 삽입한 재조합 DNA는 1972년에 버그Paul Berg, 1926~가 최초로 만들었으며, 버그의 재조합 DNA는 유전자변형 기술로 발전하여 전통적인 교배육종법으로는 오랜 시간이 걸리거나 불가능했던 품종개량을 빠르고 정확하게 실현했다. "재조합 DNA와 관련된 핵산의 생화학적 기초 연구"에 공을 세운 버그는 1980년 노벨 화학상을 수상한다. 농업 연구의 산업화는 생각보다 빨라서 유전자변형작물은 이미 우리 식탁의 상당 부분을 차지한다. 2015년에만 한국은 1,023만 7,000톤의 유전자변형농산물을 수입했으며, 품종으로는 콩, 옥수수, 감자, 토마토, 면화, 유채 등에 걸쳐 있다.[7]

☀ 유전자가위 : CRISPR/Cas9

유전자변형 방식은 원래 품종이 가지고 있던 유전체에 외래 유전자인 DNA 조각을 인위적으로 삽입했다는 사실 때문에 환경단체로부터 인체 부작용과 환경 문제에 대한 안전성이 검증되지 않았다는 비판을 받고 있다. 그렇다면 외래 유전자를 삽입하지 않고 원래 품종이 가지고 있던 유전체에서 문제가 될 수 있는 일부 유전자를 제거해 버리면 어떨까? 유전병을 예방하거나 치료할 수 있을 거라는 희망적인 분석과 기대가 더해져서 치열한 연구개발에 이어 특허 분쟁이 진행되고 있다.

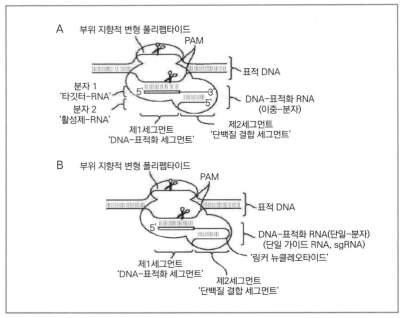

그림 9-5 **미국 등록특허 10,266,850** RNA-유도된 표적 DNA 변형 및 전사의 RNA-유도된 조절을 위한 방법 및 조성물

캘리포니아주립대학 버클리 캠퍼스의 다우드나Jennifer Anne Doudna, 1964~는 독일 막스플랑크연구소의 샤르팡티에Emmanuelle Charpentier, 1968~와 함께 크리스퍼Clustered Regularly Interspaced Short Palindromic Repeats, CRISPR라는 유도 RNA가 목표 유전자를 찾아가고 Cas9이라는 효소가 그 유전자를 절단하는 기술을 2012년 5월에 특허 출원(그림 9-5)하였고, 2020년에 노벨 화학상을 수상했다. 크리스퍼는 세균을 숙주로 삼는 바이러스로부터 세균이 스스로를 지키기 위한 면역 시스템이다. 이 면역 시스템은 세균이 바이러스의 유전자 염기서열을 회문구조라는 앞뒤 결합구조 안에 끼워 넣어 기억

했다가 다른 바이러스가 침입하면 Cas9으로 잘라 내는 데 이를 응용한 것이다. 잘라내기를 원하는 유전자 염기서열을 회문구조에 끼워 넣은 형태인 유도 RNA로 만들면 그 유전자만 골라서 제거할 수 있다.

다우드나와 샤르팡티에의 특허는 버클리 캠퍼스가 속한 캘리포니아대학UC, 빈대학Vienna U.그리고 샤르팡티에 개인에게 양도되어 이들 이름의 약자인 CVC 특허로 불린다. CVC 특허 출원 직후인 2012년 10월에 한국의 툴젠[8]이, 2012년 12월에는 브로드연구소[9]에서 관련 기술을 출원하였다. 이 과정에서 선출원과 후출원 그리고 특허 청구범위의 좁고 넓음이 쟁점이 되어, 특허 등록과 등록 무효가 문제되고 있는 상황이다. 구체적으로 CVC 특허의 명세서는 상세한 설명에서 세포핵을 언급했지만 청구항에는 세포만 기재하고 말았다. 세포에는 핵이 없는 원핵세포와 핵이 있는 진핵세포가 있는데 고등생물은 당연히 진핵세포고 이 기술을 최소한 동물이나 사람에 적용하려면 진핵세포에 적용해야 한다. CVC의 최초 출원 특허에서 청구항에 진핵세포를 특정하지 않은 빈틈을 후출원자인 툴젠과 브로드연구소가 파고들었다.

툴젠은 NLSNuclear Localization Signal라고 진핵세포의 핵으로 유전자가위를 끌고 가는 기술을 특허의 핵심으로 잡았고, 브로드연구소는 진핵세포에서 유전자 편집에 대한 구체적인 기술을 청구했다. 브로드연구소는 우선심사 청구를 통해 미국에서 2014년에 가장 먼저 특허를 받았다. 그러자 CVC 그룹에서 선출원 특허인 자신들의 특허 출원에서 쉽게 발명할 수 있다는 취지의 무효심판과 소송을 청구했지만 패소했다. 툴젠 특허는 CVC 특허로부터 쉽게 발명 가능하다고 해서 미국에서 등록이 거절되었고, 최초 출원인 CVC 특허는 2019년에 등록되었다.

　미국 밖에서도 복잡하다. 유럽에서는 다우드나그룹, 툴젠, 브로드연구소가 모두 특허를 받았다가 브로드연구소 특허는 취소되었다. 한국에서는 툴젠 특허에 대해 서울대의 권리인데 헐값으로 툴젠에 넘겼다는 논란이 2018년 이후 이어지고 있다.

　이런 상황이다 보니, 크리스퍼/Cas9의 윤리문제는 유전자변형에 비해 상대적으로 덜 다루어지고 있다. 유전자변형은 식량종자를 중심으로 활발한 데 비해, 크리스퍼/Cas9은 인간 배아세포를 대상으로 하는 연구가 이루어지고 있다는 점을 보면 특이한 현상이다.

10

새로운 탄소 신소재, 그래핀

흑연에서 그래핀을 분리한 2010년 노벨 물리학상 수상자 가임

💡 벅민스터풀러린(buckminsterfullerene)

동소체는 한 종류의 원소로 이루어졌으나 원자배열 등의 차이로 성질이 서로 다른 각각의 물질을 말하는데, 흑연과 다이아몬드처럼 같은 탄소로 만들어졌지만 완전히 다른 모양과 성질을 나타내기도 한다. 라부아지에Antoine Lavoisier, 1743~1794는 1772년 다이아몬드를 태워서 그 성분이 탄소임을 밝혔고, 셸레Carl Scheele, 1742~1786는 1779년 흑연도 납이 아니라 탄소임을 발표했다.

흑연黑鉛은 그 이름에서도 나타나듯이 셸레의 발견 이전에는 납의 한 종류인 검은 납black lead으로 생각되던 물질이었다. 또 다른 영단어인 'graphite'는 '쓰다'라는 뜻을 가진 그리스어 'gráfo'에서 유래된 기능적 표현이다. 같은 탄소 동소체지만 다이아몬드와 흑연은 탄소원자가 결합한 형태의 차이 때문에 가장 단단한 물질이 되기도

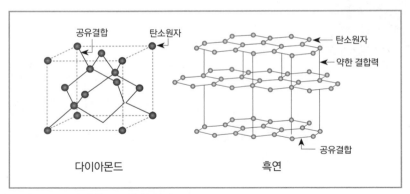

그림 10-1 다이아몬드와 흑연의 구조

하고 종이에 스치면 부스러져서 가루로 묻어나기도 하는 차이를 보인다.

새로운 탄소동소체는 1985년에 미국 라이스대학의 로버트 컬Robert Floyd Curl Jr., 1933~과 리처드 스몰리Richard Erret Smally, 1943~2005가 영국에서 온 해럴드 크로토Harold Walter Kroto, 1939~2016와 함께 흑연을 기화시키고 남은 잔류물에서 발견했다. 다이아몬드나 흑연처럼 원자 간의 결합구조가 반복되는 결정이 아니라 독립된 분자형태였는데 분자를 이루는 탄소원자의 수가 60개C_{60}나 되었다. 지름이 약 1nm인 이 분자는 12개의 5각형과 20개의 6각형이 32면체를 이루어서 그 모습이 축구공과 유사했다. 탄소원자는 5각형과 6각형의 각 꼭지점에 위치한다.

발견자들은 분자의 모양에서 축구공보다는 건축가 풀러가 만든 측지선 돔을 떠올린 듯하다. 이들은 자신들의 발견에 풀러의 이름을 붙여서 벅민스터풀러린buckminsterfullerene이라고 불렀다. 그런데

그림 10-2 풀러린

이름이 너무 길어서, 이름Buckminster의 애칭인 버키Bucky에서 비롯된 버키볼bucky ball 또는 성인 풀러에다 벤젠benzene처럼 불포화탄화수소를 표시하는 접미어 '-ene'를 붙여 풀러린fullerene이라고 불린다.

풀러린 발견 이후 관련 연구가 계속되어 1991년에는 일본의 이이지마 스미오飯島澄男, 1939~가 탄소나노튜브를 발견했다고 발표했다. 탄소나노튜브carbon nanotube, CNT는 원기둥 모양으로 탄소원자가 배열된 또 다른 동소체다. 그런데 이보다 한참 앞선 1952년에 구소련에서 탄소나노튜브를 발견[1]했음이 나중에 밝혀졌다. 뒤늦게 확인해 보니 라두쉬케비치L. V. Radushkevich와 루키아노비치V. M. Lukyanovich가 러시아어로 쓰인 《물리화학회지》에 발표해, 냉전 시기에 교류가 뜸했던 서구의 학자들은 그 내용을 알지 못하고 지나간 것이었다.

1986년에는 보엠Hanns-Peter Boehm, 1928~이 탄소가 평면으로 배열된 구조를 예측하며 그래핀graphene[2]이라는 용어를 제안했는데,

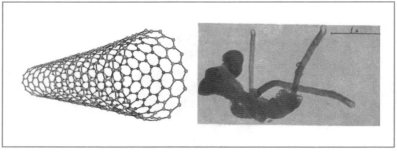

그림 10-3 탄소나노튜브(왼쪽)와 1952년 소련 연구팀의 논문 사진(오른쪽)

흑연을 뜻하는 'graphite'의 앞부분에다 풀러린처럼 '-ene'를 합쳐서 만들었다. 탄소나노튜브를 길이 방향으로 잘라서 평면에 펼쳐 놓은 형상이다.

로버트 컬, 리처드 스몰리, 해럴드 크로토는 '풀러린의 발견' 공로로 발견 11년 만인 1996년에 노벨 화학상을 공동 수상하였다. 풀러린은 독성이 없는데다 그 안에 다른 원소를 넣을 수 있어서, 인체 내로 약물을 전달하는 약물전달 시스템drug delivery system, DDS으로 사용하기 위한 연구가 활발히 진행되고 있다. 내부에 금속원소를 넣거나 혹은 다른 물질과 혼합하여 고전도성 물질 또는 고강도 물질을 만들기 위한 재료로도 연구되고 있다.

탄소나노튜브도 고강도 특성을 보이고 전기전도성이 높아서 자전거 구조재frame용 고강도 재료로 사용되고 있고, 차세대 배터리에 적용하기 위한 연구도 활발히 진행되고 있다. 그러나 풀러린이나 탄소나노튜브 모두 구와 원통 형상이라는 구조적 한계 때문인지, 기대했던 만큼 실용적인 쓰임새가 드러나지는 않았다. 이에 비해 평면구조인 그래핀에 대한 응용 예상 분야는 다양하다. 그래핀 연구에 많은 연구자들이 뛰어들었던 것은 이미 예측된 구조라는 이유와 함께, 2차원 구조에서 얻을 수 있는 다양한 응용 가능성에 주목했기 때문일 수 있다.

☀️ 그래핀

그래핀 연구를 진행하던 저명한 연구팀으로는 미국의 월터 드 히어Walter de Heer, 1949~팀과 러시아 출신의 안드레 가임Andre Geim, 1958~팀, 한국 출신인 김필립Philip Kim, 1967~3팀이 있었다. 이들은 분자구조가 예측된 그래핀에서 나타날 수 있는 물리화학적 이론을 개발하면서, 동시에 최초로 그래핀을 합성하거나 발견하기 위한 실험을 계속해 나갔다.

그 경쟁에서 승리한 팀은 안드레 가임과 그의 제자인 콘스탄틴 노보셀로프Konstantin Novoselov, 1974~였는데, 이들이 사용한 도구는 흑연과 투명 테이프였다. 흑연 표면에 투명 테이프를 붙였다 떼어내는 방식으로 그래핀을 분리4해 낸 것이다. 고가의 장비를 이용한 진공증착 등의 방법으로 그래핀을 합성하려던 다른 연구팀을 어이없게 했을 뿐 아니라, 훌륭한 결과는 값비싼 장비가 아니라 창의력에서 얻을 수 있다는 교훈도 남긴 사건이었다.

안드레 가임과 노보셀로프는 〈2차원적 소재 그래핀에 대한 획기적인 연구〉로 2010년 노벨 물리학상을 수상하였다. 풀러린에 이어

그래핀까지 노벨상을 수상한 것은 새로운 탄소동소체에 대한 학문적 가치와 함께 응용 가능성이 고려되어서일 것이다. 다만, 가시적인 응용제품이 시장에 등장하기까지는 좀 더 시간이 필요해 보인다.

안드레 가임은 개구리 피부가 반자성을 띠는 성질을 이용해서 강한 자기장에서 개구리를 둥둥 띄우는 실험으로 2000년도 이그노벨상을 받기도 했는데(303쪽 주 8 참조), 이런 엉뚱함이 투명 테이프 사용이라는 기발한 생각으로 이어졌을 수도 있다. 이그노벨상은 노벨상에 대한 풍자로 미국의 유머 과학잡지인《기발한 연구연감Annals of Improbable Research》이 만든 상이며, 매년 노벨상 수상자가 발표되기 며칠 전에 하버드대학에서 시상식을 가진다. 이그노벨상과 노벨상을 모두 받은 사람은 안드레 가임이 유일하다.

그래핀은 탄소원자들이 육각형의 격자를 이루며 육각형의 각 꼭지점에 탄소원자가 위치한다. 벌집처럼 생겼다고 해서 벌집구조라고도 부른다. 흑연 표면에서 떼어 낼 때는 일부 두께가 변할 수도 있겠지만 이론적으로는 원자 한 개 층으로 이루어진 얇은 막이다. 원자 한 개 층이라는 구조의 특성으로 그래핀은 전자이동도와 열전도도가 아주 높으며, 가시광선의 투과율(97.7%)도 높다. 이런 성질을 활용하여 투명전극과 차세대 반도체로 응용하기 위해 다양한 연구가 진행 중에 있다.

그래핀의 노벨상 수상도 시끄러운 뒷이야기를 많이 남겼다. 주요 연구 그룹 중 하나를 이끌었던 월터 드 히어는 자신과 김필립이 안드레 가임과 공동 수상해야 했다고 불만을 강력하게 제기하기도

그림 10-4 그래핀

했다.[5] 월터 드 히어의 이런 문제제기는 노벨상 신드롬에 빠진 한국 언론에서 대서특필했다.[6] 김필립은 그래핀의 반정수 양자홀 효과를 안드레 가임과 비슷한 시기에 발표했고, 〈탄소의 이상한 나라 Carbon wonderland〉라는 평론 논문review paper을 안드레 가임과 공동 집필[7]하기도 했으니 한국 과학계의 아쉬움은 클 수밖에 없었다.

안드레 가임은 자신의 그룹이 발견한 그래핀 분리방법이 너무 쉽다고 생각했는지 논문만 발표하고, 그 기술을 특허로 출원하지 않았다. 그 덕분에 투명 테이프를 이용한 그래핀 제조는 누구나 실시 가능한 기술이 되었으니 상업적으로 생산하더라도 문제는 없다. 반면, 김필립은 노벨상은 수상하지 못했지만 2008년에 출원했던 그래핀을 활용한 트랜지스터 구조에 관한 미국 특허를 2건[8] 등록하였다.

그래핀은 강철보다 강한 물리적 강도, 구리나 알루미늄 같은 금속보다 10배 정도 큰 열전도성, 접거나 면적을 10% 이상 늘려도 전기전도성이 유지되는 유연성, 구리보다 35% 이상 낮은 저항값을 가지는 재료라는 장점으로 다양한 활용 분야에서 응용을 위한 연구가 진행 중이다. 그러나 투명전극이나 차세대 반도체 등의 재료로 활용하려면 원하는 크기의 넓은 면적을 가진 그래핀 판이 만들어져야 한다. 현재는 주로 얇은 조각flake 상태로 사용되고 있는데, 얇은 그래핀 조각을 넣은 잉크나 페인트로 금속을 코팅하면 산화를 막고 전기전도성을 유지할 수 있다.

11

유기고분자의 질량분석

유기물 이온화와 2002년 노벨 화학상 수상자 다나카

☀ 질량분석기

원자처럼 가벼운 물체의 질량을 전하 대 질량비를 이용하여 측정하는 장치를 질량분석기라고 한다. 전자나 양성자처럼 그 자체가 전하를 가지는 입자의 전하 대 질량비를 기준으로 두고, 전하를 가지는 원자나 분자의 상대적인 값을 구해 계산하는 원리다. 중성상태인 원자나 분자가 전하를 가지게 하려면 여러 가지 이온화방법을 사용해야 한다. 전자를 시료에 충돌시키는 전자 이온화, 화학반응을 이용한 화학적 이온화, 고체시료 표면에 강한 에너지의 입자를 충돌시켰을 때 방출되는 이차이온을 이용하는 물리적 이온화 방법이 대표적이다. 이온화가 되면 전기장을 이용하여 가속한 다음 자기장 등으로 전하 대 질량비 분해가 가능한 장치를 이용해 분석한다.

진공 유리관 속에서 움직이는 전자빔에 '음극선'이라는 이름을

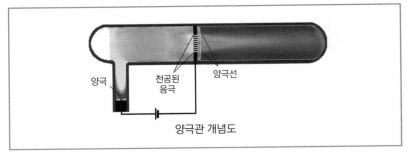

그림 11-1 기체방전관에서 관측된 양극선의 개념도

붙인 골트슈타인Eugen Goldstein, 1850~1930은 1886년 기체방전 실험에서, 음극선cathode ray과 반대 방향으로 흐르는 양극선anode ray을 발견했다. 양극선의 정체는 빌헬름 빈Wilhelm Wien, 1864~1928이 양으로 이온화된 원자의 흐름이라고 확인했다. 빈은 '열복사 법칙 발견' 공로로 1911년 노벨 물리학상도 수상했고, 강한 전기장이나 자기장에서 양극선의 진행 방향이 꺾인다는 사실을 이용해서 원소별로 양이온의 질량을 분석하는 장치도 제안했다.

음극선의 정체가 전자임을 밝힌 J. J. 톰슨Joseph John Thomson, 1856~1940은 1913년에 빌헬름 빈이 개발한 장치의 진공도를 개선한

그림 11-2 톰슨이 만든 질량분석기의 복제품

질량분석기[1]로 원자량 22인 네온[^{22}Ne] 동위원소를 원자량 20인 네온[^{20}Ne]에서 분리하기도 했다.

⚡ 거대 단백질의 연성 레이저 이온화

질량분석기의 측정 정밀도가 정교해지자 동위원소 분리는 물론이고 질량이 큰 분자도 이온화만 하면 질량측정이 가능해졌다. 문제는 단백질 등 거대 유기분자였다. 단백질은 생물체를 구성하는 성분이고, 세포 내에서 화학반응의 촉매 역할을 하는 효소를 이루며, 면역을 담당하는 항체를 형성하므로 각각의 구성과 질량에 대한 관심이 높은 물질이다. 문제는 유기물인 단백질을 이온화시키려면 높은 에너지를 가해 주어야 하는데, 높은 에너지로 인해 단백질이 깨지고 분해되어 질량을 온전하게 측정하기가 불가능했다. 1985년 일본의 시마즈SHIMADZU 제작소에서 단백질의 질량을 측정하려고 했던 다나카 고이치田中耕一, 1959~가 마주한 현실이었다.

단백질이 녹아 있는 용액에 글리세린을 혼합하여 단백질 시료로 전달되는 열을 완충해 주는 방법이 시도되었지만, 이렇게 하자 이온생성효율이 급격히 감소했다. 글리세린과 혼합된 시료에 레이저 광선을 쏘이면 열에너지가 시료 홀더에 흡수되어 시료에 제대로 전달되지 않았기 때문이다. 다나카는 글리세린에 코발트 분말을 함께 혼합하여 시료를 만들었다. 그러자 글리세린 내에 분포되어 있는 코발트 입자가 레이저 광선의 열을 흡수하여 주변의 온도를 급격히

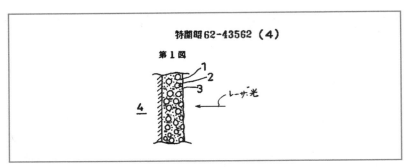

그림 11-3 다나카 고이치의 1985년 출원 특허

높였고, 근처에 있는 단백질 분자가 이온화되었다. 다나카 고이치
는 [그림 11-3]과 같이, 레이저 이온화 질량분석계용 단백질 시료분
자(1) 제작을 위해 코발트 입자(2)를 섞은 글리세린(3)과 혼합한 시
료를 홀더(4)에 도포하는 방법을 특허로 출원하였다.[2]

다나카가 글리세린에 코발트 분말을 섞은 것은 실수였다고 알
려져 있다. 코발트 가루는 원래 아세톤과 섞으려던 것이었다고 한
다. 그러나 실수로 만든 코발트 혼합 글리세린을 버리지 않고 실험
을 계속하여 결국 단백질의 이온화에 성공해 3만 4,000돌턴dalton[3]
의 질량 측정을 할 수 있었다. 다나카에게 행운은 계속되었으니, 특
허를 출원한 뒤인 1987년에 일본에서 열린 학회에서 이 내용을 발
표했을 때 그 자리에 독일 뮌스터대학의 힐렌캄프Franz Hillenkamp,
1936~2014와 카라스Michael Karas, 1952~가 참석했던 것이다. 이들은 후
속 연구를 진행하여 관련 논문[4]을 발표하면서 다나카의 선행 연구
를 인용하였다.

오늘날 매트릭스 지원 레이저 이온화법Matrix-Assisted Laser Desorption

Ionization, MALDI이라고 불리는 질량분석기의 고분자 이온화법은 힐렌캄프와 카라스가 완성했기 때문에, 이들이 과학자의 양심을 지키지 않았더라면 무명의 다나카는 잊혀질 수도 있었다. 대학교수가 아닌데다 박사학위가 없는[5] 기업체 연구원이었던 다나카는 일본 내에서도 알려진 사람이 아니었기 때문이다. 실제 2002년 노벨 화학상이 발표되자 일본 학계에서는 다나카가 누구인지 찾기 바빴고, 정작 다나카 본인조차 수상 사실을 믿지 못하는 일이 벌어지기도 했다. 힐렌캄프와 카라스는 노벨상은 받지 못했지만 매트릭스 지원 레이저 이온화법MALDI의 완성자로 기억되고 있다.

☀ 말디토프 질량분석기

매트릭스 지원 레이저 이온화법MALDI을 이용하여 이온으로 만든 고분자는 주로 비행시간형Time-Of-Flight, TOF 질량분석기를 이용하여 질량을 측정한다. 비행시간형 질량분석기는 전기장 속에서 가속된 이온이 이온검출기까지 이동하는 데 걸리는 시간을 측정하여 질량을 조사한다. 같은 크기의 전기장 속에서 같은 크기의 전하량을 가지면서 질량이 서로 다른 여러 이온을 비교하면, 질량이 클수록 속도가 느려지기 때문에 그 차이만큼 서로 다른 질량을 구별해 낼 수 있는 것이다. 매트릭스 지원 레이저 이온화법과 비행시간형 질량분석기를 결합한 말디토프MALDI-TOF 질량분석기는 단백질이나 DNA의 분자량을 측정하는 데 폭넓게 사용되고 있다.[6]

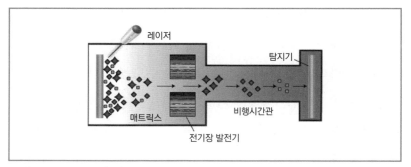

그림 11-4 말디토프 질량분석기

다나카는 노벨상 수상 후에도 수상 전과 비교하여 달라지지 않은 모습을 유지하여 언론과 대중으로부터 인기를 누렸다. 청색 LED를 개발한 나카무라 슈지(24 고효율 조명, LED)가 노벨상을 받기 전[7]인 2001년에 자신이 다녔던 회사인 니치아화학공업을 상대로 직무발명 보상금 소송을 벌이자, 일부에서 탐욕스럽다는 비판을 하면서 상대적으로 다나카와 비교하기도 했다. 게다가 다나카가 "나의 발명은 (나카무라 슈지의 발명과 달리) 회사의 매출 향상에 별로 기여하지 못했다"는 발언으로 나카무라를 옹호한 뒤 그에게는 '선인'이라는 칭호가 붙기도 했다. 다나카의 노벨상 수상은 거대과학과 첨단 기초과학만 쳐다보고 있는 우리에게도 시사하는 바가 컸다.

저속 중성자 핵반응

페르미는 우라늄 원자핵 속에 중성자를 밀어 넣는 데 성공해서 노벨 물리학상을 받았다. 수상 이유도 '중성자 조사에 의한 새로운 방사성 원소의 존재 증명 및 저속 중성자에 의한 핵반응 발견의 공로'였다. 양성자는 원자핵에 접근하더라도 원자핵 속의 양성자들이 전기적으로 밀어내서 튕겨 나오고 만다. 이에 비해 중성자는 움직이게 만들기는 어렵지만 전기 반발이 없어 핵 안으로도 쉽게 들어간다. 다만, 중성자도 속도가 크면 원자핵과 반응할 여지도 없이 그냥 통과해 버린다. 원자에서 핵이 차지하는 크기가 축구장 가운데 놓인 공으로 비유되듯이, 원자핵 속의 중성자와 양성자의 배열도 다른 중성자가 통과할 만한 성긴 공간을 이루고 있기 때문이다.

그런데 마치 컬링 스톤을 밀어 넣듯이, 표적 원자핵 속에서 멈출

만큼 느린 속도를 가진 중성자를 원자핵으로 보내면 중성자는 원자핵에 포획되고 원래의 원자핵은 중성자가 하나 더 많아진 상태가 된다. 중성자는 전하를 가지지 않으므로 양성자처럼 걸어 주는 전압의 크기를 조절하여 원하는 속도를 얻을 수는 없다. 어떤 이유로든 운동하는 중성자가 있을 때 그 속도를 적절히 늦춰야 한다. 페르미는 중성자를 물이나 파라핀에 통과시키면 속도를 느리게 할 수 있다는 사실을 발견하고, 우라늄 등 여러 원자를 대상으로 중성자를 핵 속으로 밀어 넣는 실험을 한 것이다.

원자의 특성은 원자핵 속 양성자의 수로 결정되므로 양성자의 수를 원자번호라 한다. 양성자가 하나인 수소의 원자번호는 1이고 양성자가 6개인 탄소의 원자번호는 6이다. 원자핵에는 양성자와 함께 중성자도 있어서 중성자의 수는 양성자의 수와 함께 원자의 질량단위인 원자량을 이룬다. 중성자와 양성자의 질량이 거의 같아서 둘 다 원자 질량 단위atomic mass unit 1amu로 표시되고, 중성자 또는 양성자 질량에 비해 아주 작은(1/1836) 전자의 질량은 원자질량 계산에서 무시한다.

중성자가 없는 수소의 원자량은 원자번호와 같은 1이고, 양성자 6개에다 중성자를 6개 가진 탄소의 원자량은 12가 된다. 그런데 양성자 6개를 가진 원소 중에는 중성자를 7개 가지거나 8개 가진 것도 일부 있어서, 이들의 원자번호는 6이지만 원자량이 13이거나 14가 되는 경우도 있다. 주기율표상의 원자는 원자번호에 따라 배치되므로 원자량이 다르더라도 원자번호가 같은 원소는 동일한 위치에 놓

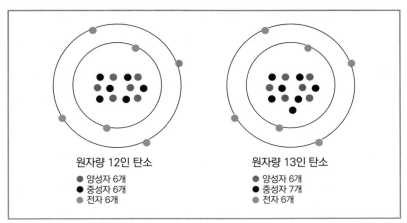

원자량 12인 탄소
- 양성자 6개
- 중성자 6개
- 전자 6개

원자량 13인 탄소
- 양성자 6개
- 중성자 7개
- 전자 6개

그림 12-1 원자번호가 6이고 원자량은 12와 13으로 서로 다른 탄소동위원소

이게 되어 동위원소라고 하며, 원자번호가 6이면 원자량이 얼마든 모두 탄소동위원소[1]다.

그런데 중성자가 베타입자인 전자(β^-)와 전자 반중성미자($\bar{\nu}_e$)를 방출하는 베타붕괴[2]를 하게 되면 중성자는 양성자로 바뀌어서 원자량은 그대로지만 양성자 수가 늘어나니 원자번호도 하나 늘어난다. 노벨 물리학상 수상자를 선정하는 스웨덴 왕립과학원은 페르미가

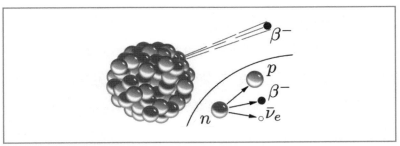

그림 12-2 중성자에서 음전하인 베타입자인 전자(β-)와 전자 반중성미자($\bar{\nu}_e$)가 빠져나가고 양성자로 바뀌는 베타붕괴

원자번호 92인 우라늄의 원자핵에 중성자를 충돌시킨 결과, 베타붕괴를 한 번 또는 두 번 유도하여 각각 원자번호 93과 94인 새로운 원소를 만들었다고 보았다. 페르미 가족의 이탈리아 탈출을 가능하게 했던 1938년 노벨 물리학상 수상 이유 중 하나인 '중성자 조사에 의한 새로운 방사성 원소의 존재 증명'이었다. 그러나 페르미가 우라늄 원자핵에 중성자를 충돌시킨 결과는 새로운 원소를 만든 것이 아니라 우라늄 핵의 분열이었다. 페르미 역시 이때까지만 해도 우라늄 원자핵에 중성자가 충돌했을 때 베타붕괴를 비롯한 방사성붕괴[3]만 생각했지 원자핵이 둘로 쪼개질 것이라고는 생각하지 못했다.

☀ 노벨상 수상으로 억류에서 벗어난 오토 한

원자번호가 작은 가벼운 원소의 원자핵은 양성자와 중성자의 수가 비슷하지만, 원자번호가 커질수록 양성자끼리 서로를 밀어내는 전기적 반발력을 핵에서 견딜 수 있도록 중성자의 수가 많아진다. 중성자와 양성자는 핵 안에서 전자기력보다 훨씬 큰 핵력(강한 상호작용)으로 서로를 당기기 때문이다. 핵 내부에서 중성자 수가 양성자 수보다 많아질 때는 결합에 유리한 특정한 숫자로 모여서 동위원소를 형성한다. 우라늄은 양성자 수가 92개로 원자번호가 92다. 여기에 중성자 수 146개로 원자량 238인 동위원소가 99.27%로 천연 우라늄의 대부분을 차지한다. 중성자 수 143개로 원자량 235인 동위원소는 0.72%, 중성자 수 142개로 원자량 234인 동위원소도 천연상태로 극미량 분포한다.

어느 경우든 천연 우라늄 동위원소의 원자핵 내에서는 중성자 수가 양성자 수보다 1.5배나 더 많지만 그래도 불안정하기 때문에, 양성자와 중성자 일부를 방출하고 안정된 원자로 가기 위한 방사성 붕괴를 한다. 방사성붕괴 과정을 통해 오랜 기간에 걸쳐 원자량 238 인 우라늄은 원자량 206인 납[4]으로 바뀌고, 원자량 235인 우라늄은 원자량 207인 납으로 변한다. 납은 양성자가 82개로 안정한 동위원소를 가지는 원소 중 원자번호[82]가 가장 크다. 주기율표에서 납보다 무거운 원소는 대개 방사성붕괴를 거쳐서 납으로 안정화된다.

인공적으로 만들어진 동위원소는 빨리 붕괴된다. 페르미는 우라늄 원자핵에 중성자를 충돌시키면 베타붕괴를 통해 원자번호 93 인 새로운 원자가 만들어지든가, 중성자가 아무 반응 없이 핵 속에 끼여서 우라늄의 새로운 동위원소가 만들어지든가, 아니면 자연붕괴인 알파붕괴[5]를 촉진해서 원자번호 88인 라듐으로 붕괴되는 것으로 생각했다. 그런데 중성자가 우라늄 원자핵에 충돌하면 우라늄은 원자번호 56인 바륨과 원자번호 36인 크립톤으로[6] 쪼개진다. 문제는 바륨과 라듐이 주기율표상에서 같은 2족이어서 화학적 성질이 비슷하기 때문에 두 원소의 특징을 구별하기 어려웠다는 점이다. 마리 퀴리Maria Skłodowska Curie, 1867~1934가 1903년에 노벨 물리학상을 수상한 공로에는 바륨에서 라듐을 분리해 낸 공로도 포함되었다.

원자량 235인 우라늄 원자핵에 느린 중성자가 충돌하면 자연붕

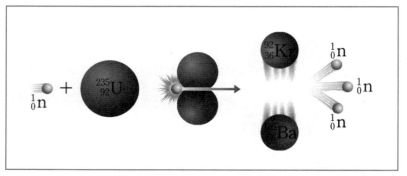

그림 12-3 우라늄 원자핵분열 시 중성자 2~3개와 에너지 약 200MeV가 방출된다.

괴와는 완전히 다른 핵분열이 일어난다는 발견은 화학자 오토 한
Otto Hahn, 1879~1968의 업적이다. 다행히 그 소식은 페르미가 유대인
아내와 아이들을 데리고 무솔리니의 인종법을 피해 미국에 도착한
뒤인 1939년 1월 6일에 알려졌다. 오토 한은 이 업적으로 1944년 노
벨 화학상을 수상하게 되었는데 제2차 세계대전 중이어서 종전 후
인 1945년 11월 15일에 전년도 수상자 발표가 났다. 그런데 오토 한
은 세계대전 중 독일 핵무기 개발 관련자 조사 문제로 승전국인 영
국에 잡혀 억류되어 있던 상태라 1945년 시상식에 참석하지 못했다.

오토 한 말고도 하이젠베르크Werner Heisenberg, 1901~1976, 막스 폰
라우에Max von Laue, 1879~1960 등 노벨상을 수상한 독일 학자를 억류
하고 있던 영국은 여러 저명 과학자들의 요청을 받아 이들을 석방
했고, 오토 한은 1946년 시상식에는 참석할 수 있었다. 노벨상이 페
르미의 탈출을 도왔듯이 독일 과학자들을 풀려나게 하는 데도 영향
을 끼쳤을 것이다.

💡 원자폭탄

　미국에 정착한 페르미는 우라늄의 원자핵분열이 연달아 일어나는 실험을 시작했다. 중성자 충돌로 우라늄 원자가 쪼개지면서 방출되는 새로운 중성자 3개가 주변의 다른 우라늄 원자를 쪼개고, 그때 각각의 쪼개짐에서 나오는 중성자의 합 9개가 연쇄적으로 또 다른 우라늄 원자를 분열시키면서 엄청난 에너지가 함께 나오는 연쇄반응이다. 연쇄반응이 일어나려면 우라늄덩어리가 일정한 질량 이상 모여 있어야 가능하기 때문에 이 최소한의 질량을 임계질량이라고 한다. 핵분열에 사용되는 원자량 235인 우라늄의 임계질량은 52kg이다.

　페르미는 우라늄을 봉으로 만들어 탄소성분인 흑연 덩어리로 둘러싼 파일pile을 만들었다. 흑연으로 우라늄을 둘러싼 것은 물이나 파라핀처럼 중성자의 속도를 늦추는 감속재의 역할을 담당하기 때문이다. 페르미는 흑연에 포함되어 있던 붕소가 중성자를 흡수한다는 것을 발견해 불순물이 섞이지 않은 흑연을 사용했다. 중성자의 속도는 낮추되 흡수로 그 숫자는 줄어들지 않게 하기 위함이었다. 다만, 연쇄반응이 시작되면 폭발이 일어나지 않도록 일부 중성자를 흡수시킬 필요도 있다. 1942년 12월 2일 시카고대학의 스태그 필드Stagg field에서 진행된 실험에서는 연쇄반응이 시작된 후, 중성자를 흡수하는 원소인 카드뮴이 코팅된 안전막대를 집어넣어 폭발적인 연쇄반응을 제어하는 데 성공했다.

　앞에서 본 바와 같이 원자량 235인 우라늄은 자연상태에서 불과

그림 12-4 최초의 핵분열 연쇄반응에 쓰인 첫 번째 파일(pile)인 시카고 파일 1

0.72%밖에 없는데, 99.27%를 차지하는 원자량 238인 우라늄은 핵분열 재료로 사용될 수 없다. 원자량 238인 우라늄은 중성자를 흡수하면 분열되지 않은 채 원자번호는 그대로고 원자량만 289가 된다. 중성자 흡수로 불안해진 핵에서 중성자가 양성자로 바뀌는 베타붕괴를 하면, 양성자가 하나 늘어 원자번호가 93이고 원자량이 239인 넵투늄^{Np} 동위원소로 된다. 이 넵투늄동위원소가 한 번 더 베타붕괴를 하면 다시 중성자가 하나 줄고 양성자가 하나 늘어서 원자번호 94, 원자량 239인 플루토늄^{Pu}동위원소가 된다. 이 플루토늄도 원자량 235인 우라늄처럼 핵분열 연쇄반응을 일으킨다.

　페르미의 연구결과는 제2차 세계대전 중 원자폭탄 제조를 위한 맨해튼 프로젝트로 이어졌다. 1945년 8월 6일, 일본 히로시마에 터뜨린 원자폭탄은 우라늄 235로 만든 폭탄이었으며 크기가 상대적으로 작다고 리틀보이$^{little\ boy}$라고 불렸다. 플루토늄 원자폭탄은 뚱

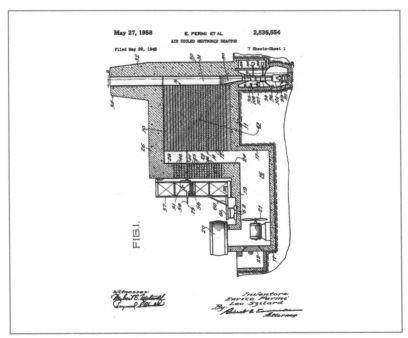

그림 12-5 페르미가 발명한 공기냉각 방식 원자로 특허 도면

뚱하게 생겼다고 팻맨fat man이라는 이름이 붙여졌고, 히로시마에 리틀보이가 투하된 지 3일 후인 8월 9일에 나가사키에서 터졌다.

　페르미는 그 뒤 이어진 수소폭탄의 개발에 반대하였고, 원자력의 평화적 이용에 대한 연구를 계속하였다. 공기로 냉각하는 원자로에 관한 특허7를 출원했고, 회전하는 셔터shutter를 이용하여 중성자의 속도를 선별하는 장치를 발명8하기도 했다. 원자력발전에서는 냉각효율 때문에 주로 물로 냉각하는 방식을 사용하지만, 흑연 감속재가 쓰인 경우에는 공기냉각 방식도 사용 가능하다.

💡 발전용 원자로

전쟁이 끝난 뒤 원자로를 평화적으로 이용하기 위한 상업용 원자력발전소는 영국을 시작으로 전 세계에 건설되기 시작했다. 원자력발전소는 원자폭탄과 동일한 핵분열 연쇄반응이 일어나지만 조절 가능하게 서서히 일어나도록 해서, 그때 발생하는 열로 물을 가열해 발전 터빈을 돌려 전기를 만든다. 원자력발전소에 사용하는 감속재의 종류에 따라 크게 경수로와 중수로 그리고 흑연로 3가지로 구분하기도 한다. 흑연 감속재는 페르미가 초기 실험에서 사용했으며 폭발사고를 일으킨 체르노빌원자력발전소와 같은 형태라서 이제는 거의 사용되지 않는다. 출력이 1GW급인 원자력발전소는 아니지만, 북한 영변의 5MW 원자로도 흑연을 감속재로 사용한다.

흑연의 탄소처럼 산소와 수소도 감속재 역할을 하므로, 현재 대부분의 원자력발전소는 물을 감속재로 사용한다. 물을 감속재로 사용하는 경우에는, 경수라고도 불리는 일반적인 물을 사용하는 경수로방식과 무거운 물인 중수를 사용하는 중수로방식이 있다. 물의 분자식은 'H_2O'로, 수소 원자 2개가 산소와 결합한 화합물이다. 그런데 양성자와 전자로만 이루어진 것으로 흔히 알고 있는 원자량 1의 수소원자에도 동위원소가 있다. 핵에 양성자 말고도 중성자가 하나 포함되어 원자량 2인 중수소가 있으며, 중성자가 2개 들어가서 원자량 3인 삼중수소도 있다. 자연계에 중수소는 약 0.0115% 함유되어 있고, 삼중수소는 그보다 훨씬 적은 극미량이 포함된 상태다. 중수소를 발견한 해럴드 유리Harold Clayton Urey, 1893~1981는 1934

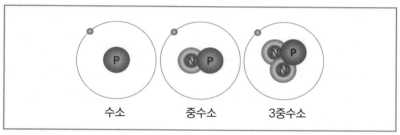

그림 12-6 수소동위원소

년 노벨 화학상을 수상했다.

붕소가 중성자를 흡수하듯이 수소분자도 중성자를 흡수할 수 있다. 핵에 양성자 하나만 가진 일반 수소를 포함하는 경수는 느리게 움직이는 중성자와 잘 결합하지만, 이미 중성자 하나가 핵 속에 들어와 양성자와 결합한 중수소를 포함하는 중수는 중성자와 잘 결합하지 못한다. 경수는 중성자의 속도를 줄일 뿐 아니라 중성자를 일부 흡수하기도 해서 결과적으로 핵분열 연쇄과정이 일어나기 어렵게 만든다. 중수로는 천연 우라늄을 그대로 사용하지만 경수로는 원자량 235인 우라늄의 함량을 높인 농축 우라늄을 사용하는 이유다. 위에서 본 바와 같이 핵분열을 일으키는 원자량 235인 동위원소가 천연 우라늄에는 0.72%밖에 안 되므로, 경수로에서는 이 비율을 2~5%인 저농축 우라늄으로 만들어서 사용해야 한다.

원자량 235인 우라늄 동위원소 농축은 특수한 원심분리기를 이용해서 공정을 진행하며, 이러한 농축기를 보유하고 있다면 무기로 사용할 수 있는 우라늄의 고농축도 가능하므로 핵무기 통제를 위해 우라늄 농축기술은 국제원자력위원회IAEA에서 엄격하게 관리한다.

핵무기 제조를 위해서는 원자량 235인 우라늄의 함량이 20% 이상으로 농축되어야 한다. 한편, 중수로는 천연 우라늄을 사용하므로 우라늄 자체의 농축으로 인한 핵무기 전용의 가능성은 낮지만, 핵발전을 하고 남은 연료에 중성자를 흡수한 원자량 238인 우라늄이 베타붕괴를 두 번한 플루토늄이 많이 생성된다. 이 플루토늄을 추출하면 플루토늄 원자폭탄을 제조할 수 있으므로 중수로방식의 원자력발전은 더욱 엄격한 통제를 받는다.

그러나 원자력발전은 원료의 고농축을 통한 핵폭탄 제조의 위험 못지않게 발전소 자체의 안정성이 여전히 문제가 되고 있다. 미국 스리마일섬사고[9], 구소련 체르노빌사고[10]에 이은 일본 후쿠시마원전사고[11]는 원자력발전의 안정성에 대해 심각한 의문을 던지고 있다. 사고가 나지 않더라도 쌓여만 가는 핵폐기물 자체로도 골칫거리여서 안전비용 때문에 원자력발전소 건설비용은 점점 더 비싸지고 있다.

2006년에 미국의 원자력발전소 건설회사인 웨스팅하우스를 인수했던 일본의 도시바Toshiba는 원자력발전소 건립비용의 증가로 2017년 웨스팅하우스가 파산하자 반도체 사업의 지분 50%를 매각하는 등 그룹 해체 상황에 내몰려서, 2021년 상반기에는 해외 사모펀드의 인수 제안을 받는 처지로 몰락했다.

미래의 이산화탄소 포집기술

2007년 노벨 평화상을 수상한 '기후변화에 관한 정부 간 협의체(Intergovernmental Panel on Climate Change, IPCC)'는 기후위기에 대한 최근의 과학적 증거를 모은 《6차 보고서》를 2021년 8월에 펴냈다.

보고서에 따르면 산업화 이전 시기(1850~1900) 대비 지구 평균 온도 상승 1.5℃ 이내 유지라는 파리협정 목표를 달성하려면 2020년 이후 이산화탄소 배출량을 4,000억 톤 정도로 제한해야 한다. 그런데 지금도 매년 400억 톤 이상의 이산화탄소를 배출하고 있으니 이대로라면 2030년에 1.5도를 넘겠지만, 다행히 파리협정에 따라 각국 정부가 의욕적인 이산화탄소 감축 목표를 제시하고 있기는 하다.

목표대로 2050년에 이산화탄소를 포함한 온실가스 순배출을 없애는 넷-제로(net-zero)를 달성한다고 해도, 지구 기후를 정상화시키려면 장기적으로 온실가스 순흡수에 나서야 한다. IPCC가 예상하는 21세기 100년 동안 이산화탄소 흡수량은 1,000억 톤에서 1조 톤 범위다. 지금도 다양한 기술로 진행되고 있는 이산화탄소 흡수공정은 넷-제로 이전까지는 이산화탄소 순 배출량을 줄이는 용도로, 넷-제로 달성 이후에는 순저감(net negative) 배출량 달성에 사용될 수 있다.

현재 다양한 공정이 개발되어 있지만 이산화탄소 포집 및 저장(carbon capture and storage, CCS) 기술의 포집용량은 2020년 연간 4,000만 톤에 불과하다. 국제에너지기구의 예측대로 2050년에 이 양이 연간 60억 톤 가까이 된다면, 2100년까지 50년 동안 3,000억 톤을 순저감할 수 있다. 먼 미래의 포집기술만 믿고 지금 탄소감축을 소홀히 해서는 안 되지만 이산화탄소 포집기술도 무시할 수만은 없다.

여기에 테슬라의 일론 머스크도 나섰으니, 2021년 머스크재단은 혁신적인 이산화탄소 포집기술에 현상금 1,100억 원을 제시했다. 2021년 현재 전 세계적으로 21개의 대형 이산화탄소 포집장치가 발전소와 제철소 등에서 가동 중이지만 기후위기 해결에 여전히 매우 미흡하기 때문이다. 2020년 한국, 미국, 유럽, 일본, 중국에서 등록된 이산화탄소 포집 특허만 400여 건이나 되는데도 그렇다.

1714년 영국의회가 경도법을 제정하면서 경도 측정에 내걸었던 현상금은 시계공 존 해리슨의 항해용 정밀시계를 탄생시켰고, 1790년 나폴레옹이 내걸었던 음식물 장기보관법 현상금은 니콜라 아페르의 병조림과 피터 듀란트의 주석 깡통 통조림 특허를 인류에게 선물했다. 기후위기 해결에도 현상공모와 특허가 다시 한번 힘을 합쳐서, 재생에너지로 이산화탄소 발생을 없애고, 포집기술로 과잉 배출된 이산화탄소를 줄일 수 있기를 기대한다.

III

'아주 작은 것'* 전자를 찾아내다

* 베아트리체 알레마냐가 쓰고 그린 그림책

X-선의 어머니는 바로 나다. 뢴트겐은 조산사에 불과하다.

뢴트겐은 1901년 제1회 노벨 물리학상 수상자로 선정되었다. 제1회 수상자의 무게는 남다르다. 당대의 모든 물리학 분야가 평가대상이었기 때문이다. 제2회만 해도 1회 수상 분야는 제외하므로, 제1회 수상자는 동료들로부터 가장 많은 지지를 받게 마련이다. 그런데도 대놓고 뢴트겐을 깎아내린 사람이 있었으니, 그 자신도 1905년 노벨 물리학상을 수상한 헝가리 출신 독일 과학자 레나르트였다.

뢴트겐이 실험에서 레나르트관이라고 불리는 자신의 아이디어로 만든 장치를 사용했는데도, X-선 발견의 공을 혼자 독차지했다는 불만이 이유였다. 그런데 레나르트의 비난에 시달린 물리학상 수상자는 뢴트겐만이 아니었다. 전자를 발견한 공로로 1906년 노벨상을 수상한 영국 과학자 J. J. 톰슨도 연구 업적을 훔쳐 간 사람이라는 레나르트의 공격을 받았다. 톰슨 역시 레나르트관으로 실험을 했다.

그러나 실험도구를 만들었다는 사실만으로 그 실험도구를 사용하여 이룩한 과학적 발견의 성과를 차지해야 한다면, 레나르트보다 앞서는 사람도 많다. 최초로 음극선관을 만든 독일의 가이슬러가 있고, 가이슬러관의 진공을 개선한 크룩스관을 만든 영국의 크룩스도 있다. 게다가 가이슬러관과 크룩스관은 레나르트관보다 훨씬 널리 알려지기까지 했다. 이처럼 억지주장을 했던 레나르트는 나치를 지지해 아인슈타인 등 유대인 학자도 혐오했다. 뢴트겐은 독일인이면서 레나르트의 비난을 받은 드문 경우다.

흔히 전자가 이동하는 경로로 도선을 생각하지만, 전자는 진공 속에서도 이동하여 전류를 만들어 낸다. 도선 속이든 진공 속이든 시간당 단면적을 통과하는 전자의 수를 계산해서 전류를 구하는 것은 같다. 도체나 진공이 아닌 곳에서는 전자가 움직이기 어렵지만, 전자를 밀어주는 힘이 아주 강할 때는 공기처럼 전기저항이 아주 크지 않은 물질을 통과하기도 한다. 번개가 이런 예다.

전자가 움직일 수 있는 진공도를 가진 유리관의 양쪽 끝에 하나씩 전극을 삽입하여, 진공 속으로 전자를 흐르는 장치를 만든 사람은 교수나 연구자가 아닌 직공 가이슬러였다. 유리덩어리에 공기를 불어넣어 내부에 공간을 만드는 유리 공방을 운영하던 가이슬러는 내부 공간을 진공으로 만들고, 진공을 유지하면서 전극을 삽입하는 데 성공했다. 가이슬러관이라 불린 전극 삽입 진공 유리관의 전극에 전압을 가하면 음극에서 양극으로 향하는 흐름을 관찰할 수 있었다.

이 흐름은 음극에서 나온다고 해서 음극선이라고 불렸다. 진공 유리관에서 전자의 흐름을 관찰할 수 있었던 이유는 당시 진공기술의 한계로 남아 있던 공기와 전자가 충돌해 형광을 발생시켜서였다. 음극선이 흐른다고 해서 가이슬러관을 음극선관이라고도 했다. 음극선의 실체를 파악하기 위한 연구가 진행되면서 그 본질이 파동인지 입자인지 밝혀내기 위해 과학자들은 실험과 추론을 반복했다. 그 과정에서 진공도를 향상시켜 가면서 여러 현상을 발견했고, 진공 속에서 흐르는 그 실체를 밖으로 끌어내기 위해 장치를 개량하기도 했다.

레나르트는 음극선이 진행하는 방향의 진공 유리관 벽에 얇은 알루미늄 창을 만들어 음극선 일부가 창을 뚫고 나오도록 했다. 그러나 알루미늄 창 밖으로 나온 음극선을 검출하느라 가까이에서 형광판을 사용하고서도 X-선을 발견하지 못했고, 음극선이 전자기장에서 운동 방향을 바꾸는 사실을 확인하고도 음극선을 파동이라고 고집하느라 그 실체가 전자라는 사실을 알아내지 못했다.

가이슬러관이라는 이름이 과학사에 기록될 수 있었던 데는 가이슬러의 실력도 중요했지만, 그의 실력을 인정해 유리관을 주문했던 독일 본대학 플뤼커 교수의 기여도 무시할 수 없다. 플뤼커도 크룩스나 레나르트처럼 음극선관에 자신의 이름을 붙여서 논문을 출판할 수도 있었기 때문이다.

음극선의 실체보다 먼저 밝혀진 현상으로는 음극선 내부의 잔류기체에 의한 형광과 음극선관 밖에서 발견된 X-선이 있다. 음극선의 실체가 전자라는 사실은 그보다 뒤에 밝혀졌다. 전자가 양성자, 중성자와 함께 원소의 구성요소라는 사실이 알려지기 전에 있었던 일이다.

진공관 속에서 움직이는 전자는 유리벽 앞에서 멈추면서 X-선을 발생시켰고, 도선을 통해서 이동하는 전자는 전자기파를 발진시켰다. 과학자들은 빛도 전자기파임을 밝혀냈고, 전자의 운동으로 만들어진 전자기파 중 특정 주파수에 신호를 실어 보내는 무선전송 기술도 등장했다. 무선전송 기술의 발전에는 이탈리아 출신 기술자이자 사업가였던 마르코니의 기여가 컸다.

진공관 속 전자의 움직임으로 영상을 만드는 브라운관은 회로소자와 광소자로 구성된 평면 디스플레이에 TV 화면의 자리를 내주었지만, 여전히 진공 속 전자의 움직임을 활용하는 장치도 있다. 광학현미경이 렌즈로 빛을 집속하듯이 전자현미경은 진공 속에서 움직이는 전자를 자기장으로 집속하여 광학현미경보다 고배율의 확대영상을 얻는다. 독일의 루스카가 지멘스를 통해서 구현했다.

전자현미경보다 더 고배율로 물질 표면을 관찰하는 주사터널링현미경은 IBM에서 일했던 비니히와 로러의 작품이다. 노벨상은 전자현미경을 한데 묶어 루스카와 비니히 그리고 로러를 수상자 명단에 올렸다.

13
전기 연구의 새 장을 연 가이슬러관
전자의 발견과 1906년 노벨 물리학상 수상자 J. J. 톰슨

💡 프랭클린이 정한 전하 극성

1752년 미국의 벤저민 프랭클린Benjamin Franklin, 1706~1790은 연날리기 실험으로 번개와 전기방전이 같다는 것을 밝혀냈다. 당시는 전지 개발 이전으로 프랭클린은 정전기 현상을 이용해 전기를 설명했고, 양전하에서 흘러나온 전기유동체가 음전하로 흘러들어간다고 했다. 그런데 프랭클린은 전하가 흐르는 방향을 오늘날과는 반대로 해석했다. 전자가 쌓여 있는 곳을 양전하로 대전됐다고 본 것이다.

프랭클린의 정의에 맞추어 여러 전기법칙이 만들어진 뒤에 밝혀진 전자는, 프랭클린의 생각과 반대로 음극에서 흘러나와 양극을 향했다. 그럼 전자가 나오는 전극을 그때부터라도 양극으로 바꾸었다면 어땠을까? 전극이 바뀌면 전류 방향이 바뀌고 전기방정식의 부호도 여기저기 손봐야 한다. 왼손법칙이 오른손법칙으로 되어야 하는 등 이미 정립된 여러 전기 관련 법칙도 뒤죽박죽이 될 수 있다.

이 문제는 전기유동체가 흘러나오는 전극이 양극이라는 가설을 포기해서 해결했다. 대신 음극에서 음전하를 가진 전기유동체가 나온다고 정해서, 전류는 양극에서 음극으로 흐를 수 있도록 했다. 이렇게 해서 전류 방향과 전기방정식의 부호는 지켰지만, 그 뒤로 전기를 배우는 학생들은 혼란스럽게 되었다. 전류를 전하가 흐르는 양이라고 하면서 그 방향은 음전하인 전자의 이동과 반대 방향이라고 가르치니 말이다. 전류를 물의 흐름과 비교해 설명하는데, 물은 높은 곳에서 낮은 곳으로 흐르지만 전자는 전위가 낮은 곳에서 높은 곳으로 거슬러 흐른다.

☀ 가이슬러관

한쪽 끝이 막힌 유리관에 수은을 가득 채운 다음 유리관 입구를 막은 채로 유리관을 뒤집어 수은이 담긴 용기 속에 담그면, 수은 기둥은 아래로 내려오지만 공기는 유리관 안으로 들어갈 수 없어서 수은이 흘러내린 유리관 위쪽 빈 공간에 진공이 만들어진다. 수은이 액체면서도 같은 부피의 철보다 2배 가까이 무겁기 때문에 일어나는 현상으로, 용기에 담긴 수은 표면에 가해지는 대기압의 작용으로 유리관 속 수은 기둥은 760mm 높이를 유지하며 더 내려오지는 않는다(그림 13-1). 일찍이 토리첼리Evangelista Torricelli, 1608~1647의

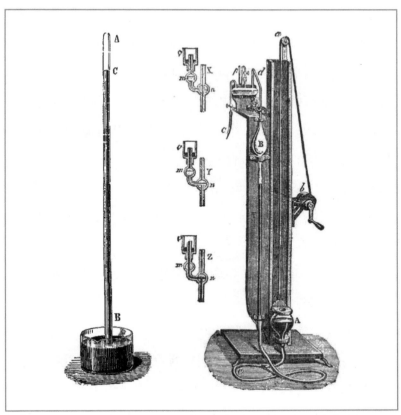

그림 13-1 토리첼리 실험(왼쪽)과 이를 응용한 가이슬러의 수은 진공 펌프(오른쪽)

실험에서 확인된 사실로 유리관이 길면 진공 영역도 커진다.

이때 유리관에서 진공이 형성된 부분을 봉합하면 내부가 진공인 봉합 유리관을 만들 수 있다. 이런 방식으로 진공 유리관을 만드는 방법은 1700년대 중반부터 이미 알려졌고, 봉인된 진공 유리관 한쪽 끝으로 전선을 연결했다는 기록도 여러 문헌에서 발견되었다.

자신의 이름이 붙여진 진공관으로 널리 알려진 하인리히 가이슬러Johann Heinrich Wilhelm Geißler, 1814~1879는 독일의 유리 부는 직공 glass blower 집안에서 태어났다. 11남매 중 4명이 어려서 죽은 가난한 집안의 장남이었던 그는, 다섯 살 때부터 유리 부는 기술을 배웠다. 가열된 유리덩어리 속으로 공기를 불어넣어 장식용 유리 진주 등을 만드는 방법이었다. 가이슬러는 장식용 유리 진주를 만드는 데 머무르지 않고 다양한 기술을 익히기 위해 여러 해 동안 독일과 네덜란드의 공방을 방문했다. 유리관 내부에 진공을 만드는 새로운 기술에 대해서는 역시 유리 부는 기술자였던 동생 프리드리히에게 들었다고 전해진다.

이런 노력을 통해 정밀 유리관 제조업자로 명성이 높아진 가이슬러는, 본대학의 플뤼커Julius Plücker, 1801~1868 교수로부터 양쪽에 전극이 달린 진공 유리관 제작을 의뢰받는다. 가이슬러는 유리통 2개를 고무관으로 연결하고 그중 하나에 수은을 담아 상하로 이동시키면서 고정된 유리관의 공기를 빼서 진공을 만드는 수은 진공 펌프를 이용하여 진공 유리관을 만들고, 그 안에 백금 전극을 밀봉하는 기술을 개발하여 플뤼커 교수의 요구를 만족시켰다. 가이슬러의 기술과 플뤼커의 아이디어가 함께 만들어 낸 장치인 가이슬러관이 세상에 모습을 드러낸 때는 1857년이었다.

가이슬러관의 양쪽 전극에 전압을 가하면 양 전극 사이를 흐르는 전자빔이 내부 기체분자를 들뜬 상태로 만들어 형광을 방출했다. 수은 진공 기술의 한계로 유리관 내부에 잔류기체가 제법 남아서, 전자가 진행하면서 기체와 충돌하기 때문에 생기는 현상이었

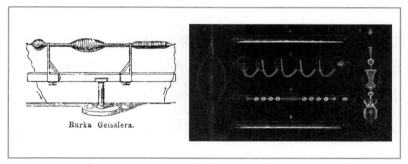

그림 13-2 가이슬러관(왼쪽)과 가이슬러관으로 만든 여러 색의 형광(오른쪽)

다. 이때까지는 전자의 존재를 몰랐기 때문에 형광 방출의 원인도 물론 알지 못했다.

그런데 점차 진공도를 높여 가이슬러관 내부의 잔류기체를 줄이면, 형광이 발생하지 않는 부분인 패러데이 암계Faraday dark space가 생겨났다. 게다가 진공도가 높아질수록 패러데이 암계는 더 커지지만, 그래도 전류는 흘렀기 때문에 유리관 내부의 공기를 통하지 않고 진공 속을 흐르는 무엇인가가 있다는 생각을 하게 되었다. 물리학자들은 어느 극에서 흐름이 시작되는지 보기 위하여 양극과 음극을 각각 고체막대로 가려 보는 실험을 하였다.

정밀한 실험을 통해 음극을 가렸을 때 그림자가 생기는 것을 확인한 골트슈타인은 이 흐름에 음극선이라는 이름을 붙였다(134쪽 참조). 전류가 흐르면 무언가가 음극에서 발산되어 양극으로 진행한다는 사실을 처음으로 확인한 순간이었다.

플뤼커는 자신이 주문한 음극선관의 제작자인 가이슬러를 존중했다. 플뤼커로 인해서 한낱 직공으로 묻힐 수도 있었던 가이슬러는 음극선관, 나아가 전자와 X-선의 역사에 이름을 또렷이 새길 수 있었다. 오늘날 과학의 기초를 공부하는 학생들은 플뤼커는 배우지 않지만 가이슬러의 이름은 익힌다. 진공 유리관에 두 개의 전극을 설치하는 아이디어 자체가 가이슬러에게서 나왔다는 주장을 하는 과학사가도 있다. 음극선관을 특허로 출원했다면, 가이슬러는 단독으로 또는 플뤼커와 공동으로 출원할 수 있을 정도로 발명적 기여를 했음은 분명해 보인다. 가이슬러와 플뤼커가 20세기에 활동했다면 기술자와 과학자의 노벨상 공동 수상 기록을 세웠을 수도 있다.

☀️ 크룩스관

독일에 가이슬러와 플뤼커가 있었다면 영국에는 기밍엄Charles H. Gimingham, 1853~1890과 크룩스William Crookes, 1832~1919가 있었다. 기밍엄도 기술력이 뛰어난 유리 부는 직공이었지만 가이슬러처럼 독립적으로 일하지 않고 크룩스의 조수로 일했다. 그래서인지 기밍엄은 가이슬러관보다 진공도가 더 높은 진공관을 제작하고도, 기밍엄관이라는 이름을 얻지 못했다. 이것은 크룩스관으로 알려졌다. 모든 것이 공정했다는 전제하에 본다면, 크룩스가 아이디어를 내고 기밍엄이 단순히 지시에 따라 제작했다는 뜻이 된다.

크룩스는 진공도가 더 좋은 음극선관 내부에 바람개비를 넣고, 음극선이 흐를 때 바람개비가 도는 현상을 관찰해서 무언가가 알갱이로 흐른다는 사실을 확인했다. 파동이라면 바람개비를 돌릴 수

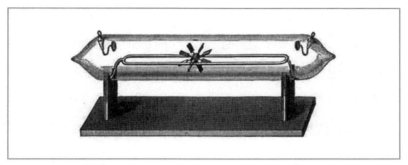

그림 13-3 크룩스관

없기 때문이다. 이와 함께 음극선에 자기장을 걸었을 때 휘는 방향을 분석했다. 그 결과로 음극선이 음전기를 가지는 분자의 흐름이라는 주장도 내놓았다. 크룩스는 음극선이 전자빔의 흐름이라는 사실까지는 밝혀내지 못한 채 1879년에 고체, 액체, 기체에 이은 제4의 상태라고 발표하였다.

영국인 크룩스가 음극선을 입자라고 주장하자 독일의 과학자들은 파동설로 맞섰다. 1883년, 헤르츠Heinrich Hertz, 1857~1894는 음극선이 자기장에 의해서는 휘지만 전기장을 가했을 때 휘지 않는 걸 보면 음전기를 띤 입자가 아니라 빛과 비슷한 파동의 흐름이라고 주장했다. 사실 이는 헤르츠가 사용한 방전관의 진공도가 높지 않아서 생긴 실험상의 오류였다.

헤르츠의 제자인 레나르트Philipp Eduard Anton von Lenard, 1862~1947는 음극선관에 아주 얇은 알루미늄 판을 창문처럼 만들어서 음극선을 밖으로 끌어내는 실험을 했고, 알루미늄 판 바로 앞에서 형광물질을 바른 종이로 형광을 측정할 수 있었다. 나중에 양자역학에서 밝혀낸 바에 따르면, 얇은 막에 충돌하는 전자 중 일부는 마치 터널을 통과하듯 막을 지나 건너갈 수 있기 때문이다. 문제는 알루미늄판을 통과한 음극선이 짧은 거리를 이동하면서 공기 입자와 충돌해 흩어지는 현상을 발견했다는 데 있다. 파동은 공기 속에서 직진하므로, 파동임을 증명하려다가 입자라는 것을 밝혀내고 만 셈이지만, 레나르트는 파동설을 포기하지 않았다. 어쨌든 레나르트는 '음극선 연구'에 대한 공로로 1905년 노벨 물리학상을 받는다.

마침내 1897년 영국의 J. J. 톰슨은 레나르트의 실험을 재현하다가 음극선의 속도를 측정하여 파동설에서 주장하는 속도보다 속도가 아주 느리다는 사실을 발견하였다. 또한 그 질량이 수소원자의 약 1,800분의 1[1]에 불과한 입자임을 밝혀내서 전자의 발견자라는 영예를 누리며 입자설에 승리를 안겼다. 레나르트는 톰슨이 자신의 연구 성과를 가로챘다고 비난했지만, 톰슨은 레나르트 수상 다음 해인 1906년에 노벨 물리학상을 받는다.

톰슨과 레나르트의 갈등의 뿌리는 독일의 파동론과 영국의 입자론으로도 보는데, 레나르트의 노벨상 수상 추천문에 그 흐름이 정리되어 있을 정도다.

주로 독일의 물리학자들이 지지했던 파동 개념은 음극선이 보통의 광선들처럼 에테르 속을 파동치며 진행한다는 것이었습니다. 한편 주로 영국의 과학자들이 널리 받아들였던 입자 개념은 음극선이 음극에서 방출하는 음전하를 띤 입자들로 이루어졌다는 것입니다.

영국의 입자론과 유럽대륙의 파동론은 오래전 빛의 본질을 놓고도 다툼이 있었으니, 영국의 뉴턴은 입자설을, 네덜란드의 하위헌스Christiaan Huygens, 1629~1695는 파동설을 주장했다.

후일담으로, 헤르츠는 부모 때부터 루터교로 개종한 기독교교도였지만 유대인의 피가 섞여 있다고 해서 나치 집권 후에 함부르크시청 명예의 전당에서 초상화가 치워지는 등 나치로부터 배척당했고, 그때까지 살아 있던 아내와 두 딸은 독일을 떠나 영국으로 이주했다. 반면에 스승의 연구를 충실히 이어나갔던 레나르트는 나치를 추종해서 유대물리Jewish physics에 맞서는 독일물리Aryan Physics를 주장하고 조직의 의장까지 지내기도 했다. 아인슈타인의 상대성이론까지 유대물리라고 비난했던 레나르트는, 1919년에 영국인 아서 스탠리 에딩턴Arthur Stanley Eddington, 1882~1944이 일식을 관찰하여 아인슈타인의 일반상대성이론을 실험적으로 증명하자 유대과학에 복무했다고 비판하기도 했다. 레나르트는 나치에 가입하여 반유대 독일물리를 주장하다가 과학계로부터 배척당하고 제2차 세계대전 후 전범으로 재판받던 중 사망하였다.

☀ 네온사인과 텔레비전

가이슬러관이나 크룩스관에서 볼 수 있는 형광현상은 관 내부에 잔류하는 기체가 전자빔과 충돌할 때 생기는 것이다. 음극에서 양극으로 운동하던 전자가 기체의 원자궤도 속 낮은 에너지의 전자를 튕겨내면, 그 빈자리로 높은 에너지를 가진 다른 전자가 들어오고 그 에너지 차이가 형광으로 방출된다. 잔류 기체의 종류별로 각각 다른 색의 형광이 발생하므로, 원하는 색의 형광을 얻기 위해 진공관 속에 아예 특정 종류의 기체를 주입한 장치가 네온사인이다. 질소기체나 이산화탄소도 사용되어 노란색과 흰색의 빛을 내기는 하지만 붉은색을 내는 네온이 주로 사용되기 때문에 네온사인이란 이름으로 불린다.

전자빔이 음극선관 내부를 통과하면서 그 속의 기체와 반응하는 현상의 응용이 네온사인이라면, 내부를 진공으로 유지하고 유리관 맞은편의 내벽에 발린 형광체에 전자가 직접 충돌해 빛을 발생시키는 장치도 개발되었다. 1897년 독일의 브라운Karl Ferdinand Braun, 1850~1918이 제작한 브라운관으로, 초기 텔레비전에서 영상을 표시하는 대표적인 장치였다. 브라운은 전파를 멀리 보내는 기술도 개발해 '무선전신의 개발'에 대한 기여로 1909년 노벨 물리학상을 수상했으니 초기 텔레비전 화면뿐 아니라 텔레비전 송신기술에도 큰 공을 세웠다.

텔레비전 개발의 직접적인 공로자로 평가받는 즈보리킨Vladimir Kosmich Zworykin, 1888~1982은 전자 방출부를 내장하고 밀봉한 고진공 브라운관을 만들었고, 무선으로 송수신하는 텔레비전 특허[2]도 출원하였다. 이런 즈보르킨도 1925년에 웨스팅하우스에서 텔레비전 시연을 시도했으나 계속 실패하여 관리자로부터 좀 더 실용적인 연구에 집중하라고 지적받았다. 그러자 RCA로 옮겨서 헝가리 출신 티하니Tihanyi Kálmán, 1897~1947의 특허3 기술을 응용해 마침내 텔레비전 시연에 성공한다. 이렇게 미국라디오회사였던 RCARadio Corporation of America는 텔레비전 회사로 변신했다.

　　즈보르킨이 주도한 RCA의 텔레비전 기술은 미국의 발명가 판즈워스Philo Farnsworth, 1906~1971와 오랜 기간 특허 분쟁을 벌인 뒤에 그의 특허권을 인정하고 실시권4 계약을 맺기도 한다. 이처럼 새로운 제품을 개발한 경우에도 제품에 채택된 여러 기술 중 일부는 타인에게 권리가 있는 경우가 많다. 이럴 때는 그 특허권을 구입해도 되지만 상대방이 판매를 원하지 않거나 비용이 비쌀 수도 있으므로, 특허 소유권은 그대로 두고 실시할 권리만 허락받는 실시권을 계약으로 설정하기도 한다.

　　텔레비전 기술은 나치가 집권했던 독일에서 최초로 실용화된다. 독일은 1936년에 열리는 베를린올림픽을 중계하기 위해 1935년부터 방송을 시작하였으니 텔레비전과 올림픽의 관계를 보여 주는 상징적인 기록이다. 미국에서는 1939년에 뉴욕에서 열린 세계박람회에서 RCA가 텔레비전 방송을 시작해서, 독일과 달리 텔레비전을 만드는 민간 기업이 주도했다. 곧바로 터진 제2차 세계대전으로 텔레비전 보급은 주춤하는 듯했지만, 전쟁이 끝나자 텔레비전은 선진국 가정의 필수품이 되었고 뒤이어 개발도상국으로 그리고 전 세계로 퍼져나갔다.

🔆 전자의 본질

과학기술의 합리적 사유방식을 방해하는 장애물로는 종교적 맹신도 있지만 비뚤어진 애국심도 있다. 그러나 객관적 진리를 탐구하는 과학기술에서 억지왜곡이 자리를 오래 차지하기는 어렵다. 그 과정에서 약간의 지체가 있을 뿐이다. 전자는 정전기에서 양극과 음극을 정할 때는 그 존재 자체를 알지 못하다가, 음극선관 연구를 통해 입자라고 정리되었다. 이렇게 정리될 때 전자의 극성은 논의의 대상도 되지 못할 정도로, 양극과 음극의 위치는 이미 확정적이기도 했다.

빛이 파동이면서 입자이기도 하다는 이중성을 아인슈타인이 광량자설로 밝혀냈듯이, 전자도 입자성뿐 아니라 파동성을 가진다는 사실은 J. J. 톰슨의 아들인 조지 톰슨George Paget Thomson, 1892~1975이 확인했다. 조지 톰슨은 〈결정에 의한 전자의 회절〉 연구를 통해 입자인 전자가 파동처럼 움직이는 현상을 밝혀내서 1937년 노벨 물리학상을 수상하였다. 결국 조지 톰슨은 아버지를 비롯한 영국 과학자와 레나르트를 포함한 독일 과학자 사이에 오랜 기간 지속되었던 음극선의 입자-파동 논쟁을 극복하고 그 둘을 통합한 셈이다.

아버지와 아들 톰슨은 노벨 물리학상 수상 말고도 케임브리지대학 트리니티칼리지를 졸업했고, 기사작위를 받았으며, 장수해서 만 83세까지 살았다는 공통점이 있다. 'X-선 결정학 연구'로 1915년 노벨 물리학상을 공동 수상한 브래그 부자William Henry Bragg & William Lawrence Bragg만큼 유명한 노벨 물리학상 부자다.

맨살을 통과하는 광선, X-선

X-선의 발견과 1901년 노벨 물리학상 수상자 뢴트겐

💡 뢴트겐의 X-선 발견

뢴트겐Wilhelm Conrad Röntgen, 1845~1923은 음극선관 실험을 하다
가 우연히 새로운 광선을 발견하자 그 실체를 알 수 없어서, 미지의
광선이라는 뜻으로 X-선이라는 이름을 붙였다. 뢴트겐도 당시의
과학자들처럼 음극선을 연구하기 위해 레나르트가 제안한 얇은 알
루미늄 막으로 만든 창을 낸 음극선관을 사용하여 실험했다. 이 음
극선관은 얇은 막이 찢어지지 않도록 그 위에 두꺼운 종이를 덧대
어 보호하다가 실험할 때만 종이를 치우던 장치였다.

레나르트의 실험을 재현하던 중 뢴트겐은 미처 두꺼운 종이를
치우지 않은 상태에서 그것도 1m 이상 떨어진 위치에서 형광이 발
생하는 현상을 관찰했다. 설령 알루미늄 막에 덧댄 종이를 치웠다
고 해도 당시까지 알려진 음극선의 특성상 도달이 불가능한 거리였

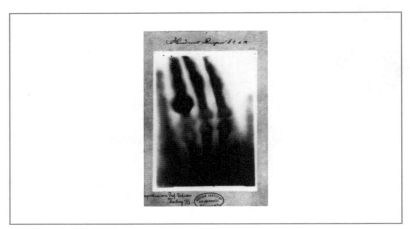

그림 14-1 뢴트겐이 아내 안나의 손을 촬영한 최초의 X-선 사진

다. 이런 일은 처음 일어난 것은 아니었지만, 마침 그 자리에 형광물질이 칠해진 종이가 있었다. 음극선관을 이용한 실험 중에 형광이 관측된 경우가 그 전에 있었더라도, 대개 진공상태나 장치 자체에 문제가 있다고 생각했을 가능성이 크다.

뢴트겐은 여기서 멈추지 않았다는 점에서 달랐다. 알루미늄 막 없이 유리관만으로 만든 음극선관으로도 실험을 해보았다. 그에 더해 빛을 확실히 차단하기 위해 음극선관을 검은색의 두꺼운 종이로 가리고, 형광판의 위치를 가까이 했다가 멀리하는 등 다양한 변화를 시도했다. 여러 실험을 통해 음극선과는 다른 새로운 어떤 에너지의 흐름이 음극선관 밖으로 흘러나와 두꺼운 종이를 통과한다는 결론을 얻었다.

계속된 실험에서 종이뿐 아니라 나무도 통과하는 이 새로운 광선은 살은 통과했지만 뼈는 통과하지 못한다는 사실도 밝혀내 "방전관과 스크린 사이에 손을 놓으면 손의 밝은 그림자에 비해 어두운 뼈의 그림자를 볼 수 있다"는 발표를 할 수 있었다. 인류 최초로 자신의 손 뼈 사진을 본 뢴트겐의 아내 안나Anna Bertha Röntgen, 1839-1919는 "나는 내 죽음을 보았다"는 말을 남기기도 했다.

💡 X-선 관련 특허

뢴트겐은 X-선에 자신의 이름을 붙이자는 제안을 사양했지만, 과학자와 의사들은 여전히 뢴트겐선이라고 부르곤 한다. 뢴트겐이 1901년 첫 노벨 물리학상을 받을 때 '뢴트겐의 이름을 딴 주목할 만한 광선의 발견'이 수상 사유로 언급된 뒤로, 100년 넘게 두 이름은 함께 사용되고 있다. 뢴트겐은 이 새로운 광선의 발견을 의학 관련 학회지[1]에 발표하면서도 특허를 출원하지 않았다. 살아 있는 사람의 뼈를 찍은 최초의 X-선 영상은 뢴트겐이 아내의 손을 찍은 사진이었으므로, X-선의 의학적 응용을 충분히 짐작했겠지만 그렇게 하지 않아서 뢴트겐은 돈보다 명예를 존중한 사람으로 인정받는다. 뢴트겐은 심지어 노벨상 상금도 자신이 재직하던 뷔르츠부르크대학에 기부하였다.

수술하지 않고도 몸속 뼈를 관찰할 수 있는 광선인 X-선의 존재가 알려지자 골절된 뼈의 접합 등에 응용하기 위해 의학 분야에서 먼저 움직였다. 뢴트겐에게 명예의학박사 학위가 수여될 정도로 의학계의 기대감이 컸던 데다가 뢴트겐이 특허 출원을 하지 않자, 여

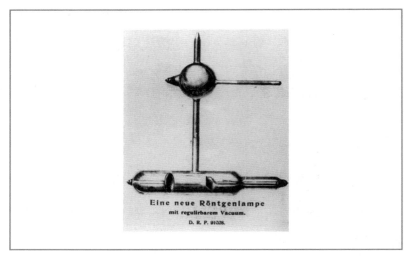

그림 14-2 지멘스의 독일 특허 DE 91,028, '진공 조절이 가능한 새로운 X-선 램프'

러 업체가 X-선 장비 개발에 뛰어들었다. 뢴트겐이 공개한 기술보다 한 걸음 더 앞서 나간 장비를 만들어야 특허를 받을 수 있지만, 원천특허가 개방되었으므로 좋은 장비를 먼저 출시하면 선점효과를 누릴 수 있었다.

첫 번째 특허는 '진공이 조절되는 새로운 X-선 램프'를 출원한 독일의 지멘스Siemens & Halske에 돌아갔다. 지멘스 베를린연구소는 1896년 1월에 뢴트겐의 발견 소식을 듣고 바로 연구에 착수해 그해 3월 21일에 특허를 출원했다. 음극선관을 이용하여 X-선을 방출한다는 내용은 공개된 사실이었으므로, 지멘스가 특허로 주장한 것은 "X-선 튜브 내 기체 압력을 수동으로 조절하는 것을 가능"하도록 해서 "선명한 영상을 얻을 수 있는 압력에 맞출 수 있는" 장치였다.

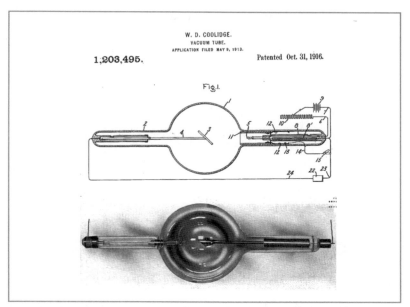

그림 14-3 쿨리지가 1913년 출원한 진공튜브 특허(위) 및 쿨리지 튜브(1917)

　미국에서는 에디슨이 백열전구로 누구나 자신의 손뼈를 볼 수 있는 휴대용 장치를 만들겠다고 공언했지만 실패했다. 발명가로 널리 알려져 있지만 과학에 대한 이해가 부족했던 에디슨은 가시광선과 X-선의 차이를 충분히 인식하지 못했던 것으로 보인다. 그러나 에디슨이 만든 회사인 GE의 연구원인 쿨리지William David Coolidge, 1873~1975가 텅스텐 필라멘트로 음극을 만든 진공튜브를 발명하여 X-선의 선명도를 획기적으로 개선하였다. 이 장치에는 쿨리지 튜브라는 이름이 붙여졌고 20세기에 가장 널리 사용되는 X-선 발생장치가 되었다.

⚛ X-선의 과학응용

뢴트겐의 발견 이후 진공관 속 음극선의 정체는 전자의 흐름이라고 밝혀졌지만, 뢴트겐이 노벨상을 받은 1901년까지도 X-선의 실체는 충분히 파악되지 않았다. 고속으로 운동하던 전자가 물질과 충돌할 때 발생하는 에테르의 왜곡이라는 가설[2]은 한때 유행하다가 에테르의 존재가 부정되면서 자취를 감추었다. 입자의 흐름일 수도 있다는 주장도 부정되어 파동이라는 데는 의견이 일치했다. 전자기장으로 X-선을 휘게 할 수 없었기 때문인데, 중성자의 존재를 몰랐던 당시에는 전하를 띠지 않는 입자를 생각하기 어려웠다. 다만, 진공관 내에서 운동하던 전자가 벽에서 멈추었으니 운동에너지를 X-선 파동이 넘겨받아야 하고, 그 에너지를 파장으로 계산해 보면 나노미터 $10^{-9}m$ 대역이라는 계산은 가능했다.

파동은 점이 규칙적으로 배열된 격자를 통과할 때 서로 간섭해서 간섭무늬를 만드는 데 그러려면 격자의 점 간격이 파장보다 10배 이상 커야 한다. X-선이 나노미터 대역의 파장을 가지는 파동이라면, 10nm 내외의 간격을 가지는 격자로 간섭무늬를 확인할 수 있다. 그렇게 조밀한 간격을 가지는 격자는 결정구조를 가진 물질로, 자연에는 석영이나 루비, 다이아몬드 등 보석 형태로 존재한다. 독일의 막스 폰 라우에 Max von Laue, 1879~1960는 몇몇 결정물질의 격자 간격을 계산한 뒤, X-선이 나노미터 대역을 가진다면 간섭무늬가 생길 것이라고 예측했고 실험을 통해 확인했다. 라우에의 기여로 X-선은 나노미터 대역의 파장을 가지는 파동[3]임이 밝혀졌고 그는

1914년 노벨 물리학상을 수상한다.

그런데 뢴트겐이 발견한 X-선은 전자가 음극선관 안에서 운동하다가 벽에 막혀 멈추게 되면서 전자의 운동에너지를 전달받아 파장이 넓게 분포한다. 파장범위가 넓으면 X-선의 에너지 범위도 넓어진다. 여러 가지 색으로 이루어진 가시광선에서도 짧은 파장의 파란색이나 긴 파장의 빨간색 빛을 따로 만들 수 있듯이, 특정 파장만 가지는 X-선을 만드는 것도 가능하다. 이런 X-선을 특성 X-선이라고 하며, 원자의 핵 주위에서 궤도운동을 하는 전자가 에너지가 큰 궤도에서 에너지가 작은 궤도로 이동할 때 방출된다. 특성 X-선의 에너지는 두 궤도의 에너지 차이고, 원자별로 궤도 에너지도 다르므로 방출하는 X-선의 에너지도 달라진다.[4]

⚡ X-선과 암

X-선을 이용한 영상검사는 인체 내부를 해부하지 않고도 관찰할 수 있도록 했지만, 강한 에너지가 인체를 통과하면서 그 경로상에 있는 세포의 유전자에 영향을 주어 암을 일으킬 수도 있다. 발암 가능성은 인체에 조사한 양에 비례해서 증가하며 이를 측정하기 위한 수치가 렘 또는 시버트다. X-선을 포함하여 원소의 붕괴에서 방출되는 입자 또는 에너지를 포괄적으로 부르는 이름이 방사선radioactive rays이며, 생물학적 영향[5]을 고려한 방사선 조사량의 단위는 렘Röntgen equivalent man, rem이라고 하는데 뢴트겐의 이름을 딴 것

이다. 최근에는 주로 시버트Sv로 표시하는데, 역시 방사선을 연구했던 시버트Rolf Maximilian Sievert, 1896~1966의 이름에서 비롯되었고 1Sv는 100rem이다.

인체 세포가 암을 일으키는 값인 발암 최저 한계치는 연간 100mSv0.1시버트다. 흉부 X-선 1회 촬영 시 방사선 노출량은 0.04mSv로 아주 작은 양으로 인체의 연간 자연발생 방사선량인 0.4mSv의 10%에 불과하므로 X-선 촬영을 두려워할 이유는 없다. 핵 관련 종사자의 연간 허용치가 20mSv인데, 하루에 담배 1.5갑씩을 피울 경우 연간 방사선량이 13mSv[6]인 점을 고려하면 흡연의 위험은 니코틴과 타르만이 아님을 알 수 있다. X-선을 세포에 쪼이면 암을 일으킬 수 있지만 국부적으로 강하게 쪼일 경우에는 세포가 아예 파괴되기도 한다. 이런 특성을 활용하여 X-선으로 암세포를 파괴하는 치료방사선 분야도 있다.

X-선의 발견은 물리학은 물론이고 의학과 공학에까지 영향을 미친 획기적인 사건이었다. 뢴트겐은 특허를 통해 큰 이권을 확보할 수도 있었는데 특허를 취득하지 않아서 X-선이라는 원천기술 자체는 누구나 사용할 수 있게 되었다. 그러나 지멘스나 GE 등이 후속 연구를 통해 제품화하면서 해당 기업의 특허 속에 포함되었다.

뢴트겐의 특허 거부는 미담이지만, 독일이 제1차 세계대전에 패배하여 엄청난 인플레이션을 겪던 시절에 말년을 맞은 그는 경제적 파산상태였으니 아쉬움이 남는다. 뢴트겐이라면 특허로 돈을 벌었더라도 사회를 위해서 유용하게 사용할 수 있었을 것이라는 믿음 때문이다. 뢴트겐은 명예의학박사를 제외하고는 뢴트겐선이라는 명예뿐 아니라 귀족 작위von Röntgen마저 사양했고, 사후에는 주고받았던 모든 서신마저도 없애라고 유언했다.

15
전파를 이용한 장거리 무선전신
무선전신의 개발과 1909년 노벨 물리학상 수상자 마르코니

☀ 헤르츠의 전자기파 실험

전자의 존재가 밝혀지기 전인 1864년, 영국의 맥스웰James Clerk Maxwell, 1831~1879은 그때까지 정립된 전기와 자기에 대한 여러 법칙을 4개의 수식으로 정리했다. 맥스웰방정식으로 알려진 이 수식을 이용하여 전기장과 자기장이 결합한 전자기파의 존재를 예측한 맥스웰은 전자기파의 속도가 빛과 같으며 전 우주에 균일하게 분포하는 에테르를 통해 전파된다고 설명했다. 그로부터 23년 뒤인 1887년 헤르츠는 실험실에서 인공적인 전자기파를 발진시키는 데 성공한다. 헤르츠는 이 공로를 통해 파동의 진동수 단위에 이름을 남겼다. 1Hz는 1초당 1번 진동하는 상태를 나타낸다.

헤르츠를 포함한 당대 과학자는 대부분 냄새도 없고 무게와 빛깔도 없이 우주공간 어디에나 분포하는 에테르라는 물질의 존재를 믿었다. 공기가 있는 공간은 물론 진공 속에도 에테르는 존재하기 때문에 햇빛이나 별빛이 에테르를 통해 지구까지 올 수 있다고 보았다. 그리스어로 '순수하고 신선한 공기'라는 뜻인 에테르는 고대 신화 속 천상의 신들이 호흡하던 상상 속 천상의 공기에서 지상으로 내려와 근대과학의 전파매질로 확고하게 자리 잡았다. 음극선관 내부를 진공으로 만들어도 그 안에 에테르는 남아 있다고 믿었기 때문에 파동인 음극선이 움직일 수 있다고 생각했던 것이다.

에테르는 빛이나 전자기파의 전파를 위한 매질로도 필요했지만, 우주의 좌표기준으로도 필요했다. 지구는 태양을 돌고, 태양은 지구를 포함한 태양계의 행성과 위성을 데리고 우리은하 안에서 회전하는데, 은하도 또 그 안의 모든 별을 거느리고 회전한다니 도대체 우주에서 움직이지 않고 중심을 잡아줄 기준이 보이지 않아서였다. 그러니 텅 빈 곳으로만 보이던 우주를 가득 채울 무언가가 있어야 했고, 에테르가 바로 그것이었다.

굳건하던 에테르에 대한 믿음은 1887년 마이컬슨Albert Abraham Michelson, 1852~1931과 몰리Edward Williams Morley, 1838~1923의 실험으로 무너졌다. 두 사람은 지구가 전 우주에 걸쳐 존재하는 에테르에 대해 움직이는 상대속도를 측정하는 실험을 설계했다. 실험결과는 뜻밖이었다. 에테르에 대한 지구의 상대속도가 관측되지 않았다. 지구가 움직이지 않거나 전 우주에 걸쳐 있으리라 짐작했던 에테르가 없거나 둘 중 하나였다. 반복실험을 통해 에테르의 부재가 증명되었고, 마이컬슨은 1907년 미국인 최초로 노벨 물리학상을 받았다.

그래도 우리 생활 속에 에테르의 흔적이 남아 있다. 사무실과 가정에서 여러 컴퓨터가 정보를 주고 받을 수 있도록 하는 근거리 통신망Local Area Network, LAN은 기술규격으로 이더넷ETHERnet을 사용하는데, 에테르를 이용한 통신망이라는 뜻이다. 이더넷은 통신망에서 신호와 배선 그리고 데이터 링크에 대한 규약을 정한다.

💡 마르코니의 실용화

헤르츠의 전자기파를 실험실 밖으로 끌어낸 사람은 마르코니 Guglielmo Giovanni Maria Marconi, 1874~1937다. 부유한 집에서 자라 가정교사로부터 개인 교습을 받은 마르코니는 정식으로 대학을 다니지는 않았지만 볼로냐대학 물리학과에서 강의를 듣고 실험실도 사용할 수 있었다. 이 시기인 1894년에 헤르츠가 사망했고, 그의 실험에 관한 상세한 기록과 헤르츠파Hertzian wave라고 불리던 전자기파가 추모글과 함께 소개되면서 20세의 젊은 마르코니도 무선에 관심을 가졌다.

당시까지 전자기파의 전송거리는 800m가 한계로 알려져 있었다. 깊이 있는 물리학 지식은 없었지만 오히려 그로 인해 이론적 한계에 얽매이지 않고 다양한 시도를 하던 마르코니는 송수신용 안테나의 높이를 크게 하면서 한쪽을 접지시키면 전자기파를 3km 이상멀리 보낼 수 있다는 사실을 발견했다. 불과 21세였던 1895년이었다. 하지만 연구비 지원을 요청받은 이탈리아 우편통신부장관은 어

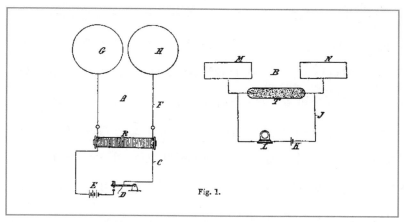

그림 15-1 마르코니의 영국 특허

리고 과학지식도 없는 마르코니가 터무니없는 소리를 한다고 무시했다.

다행히 마르코니의 아버지는 부자였다. 어린 시절 아일랜드계 어머니와 함께 영국에 체류한 적이 있던 마르코니는 영어에 능통했고 주영 이탈리아 대사의 주선으로 어머니와 함께 영국으로 갔다. 1896년 영국에 도착한 마르코니는 사업화 가능성을 내다보고 그해 6월에 영국 특허청에 자신의 발명을 출원해 등록한다. 영국 특허 12,039호 '전기 임펄스와 신호 전송 및 이를 위한 장치의 개선'이라는 명칭으로 등록되었다. 전파 기반 통신 시스템에 대한 최초의 특허다.

마르코니는 무선전신의 개발에 그치지 않고 실용화와 상업화에 성공했다. 1898년에 도버해협을 횡단하는 50km 무선전송에 성공했고, 1900년에는 121km 떨어져 있는 바다 위 군함과의 통신에도 성공했다. 그리고 1901년에는 대서양을 횡단하는 5,000km 무선통신까지 성공한다. 박사학위도 없고 대학도 정식으로 다니지 않은 마르코니는, 지구는 둥그니까 무선전파가 직진해서 지표면상으로 신호를 전달할 수 있는 거리가 320km를 넘지 못할 거라는 과학자들의 주장을 무시했다. 대기권의 구조를 모른 채로 용감한 시도를 했던 마르코니는 보기 좋게 성공했고, 오히려 이를 통해 그때까지 알지 못했던 전파 반사 전리층의 존재가 밝혀지기도 했다. 마르코니는 이 모든 일을 20대에 해냈다.

그런데 마르코니의 송신장치에서 방출하는 전파는 진행하면서 급격하게 감쇄하여 제대로 된 신호를 수신장치에서 검출하기가 어려웠다. 게다가 어렵게 신호를 검출해도 다른 송신장치에서 발송되는 전파와 섞여서 정확한 정보를 얻기가 어려웠다. 과학적 발견이 아주 빠른 시기에 실용기술의 개발로 이어졌지만, 기술자였던 마르코니 혼자서는 이 장벽을 뚫지 못했다. 전자기학과 파동이론의 전문가가 나서야 할 차례였다.

음극선관의 전자빔이 도달하는 유리관벽에 형광체를 바른 브라운관을 만들어 미래의 TV 수상기로 자리 잡게 한 독일의 과학자 브라운이 문제를 해결[1]하는 데 힘을 보탰다. 브라운은 송신기에 동조회로를 도입해서 실질적인 장거리 무선전신이 가능하도록 만들었고, 그 특허는 마르코니의 회사에서도 실시하였다. 마르코니와 브라운은 무선전신의 개발에 대한 공로로 1909년 노벨 물리학상을 공동 수상한다. 노벨상은 브라운을 TV 수상기 개발자가 아니라 무선

통신 연구자로 기억한다. 아인슈타인이 상대성이론이 아닌 광양자설로 노벨상에 기록되었듯이.

노벨상보다 마르코니를 더 유명하게 만든 사건은 1912년 타이타닉호 침몰이다. 타이타닉호에는 마르코니의 무선전신회사 소속의 통신기사가 탑승해서 침몰 순간에 구조신호를 보낼 수 있었다. 마르코니는 이 관련 자료를 법원에 제출했고 구조된 사람들의 목숨을 구한 사람으로 칭송받았다. 1913년에는 '해상에서 생명안전을 위한 국제회의'가 소집되어 선상 무선전신이 24시간 가동되어야 한다는 조약이 제정되었다. 마르코니는 타이타닉호 무료승선을 제안받았는데, 급하게 처리해야 할 서류 때문에 3일 전에 출항하는 배를 탔던 사실도 호사가들 사이에서 회자되었다.

20대 초반부터 발명과 사업에 뛰어들어서 큰 성공을 거두었고 노벨상까지 받은 마르코니는 아마추어 과학자에 불과하다는 질시의 대상이 되기도 했는데, 그 때문이었을까 말년에 무솔리니의 파시스트당에 참여하는 실망스런 모습을 보였다.

마르코니의 사후인 1943년에 내려진 미국 연방대법원의 판결을 두고 무선전신의 최초 발명자가 테슬라Nikola Tesla, 1856~1943라고 주장하는 사람도 있지만 이는 잘못된 주장이다. 대법원 판결문은 1897년 테슬라의 미국 출원 특허[2]와 기술범위가 겹치는 마르코니의 무선전신 기술개량 특허는 1900년에 출원한 후출원이어서, 테슬라 특허의 무효근거가 될 수 없다고 했을 뿐이다. 마르코니는 이미 1896년에 무선전신 기술의 원천특허[3]를 영국과 미국에 출원했으므로, 무선전신 기술 개발자로서 마르코니의 위상에는 아무런 변화가 없다는 사실은 연방대법원 판결문[4]에도 적시되어 있다.

☀ 라디오

무선전신은 전자기파로 신호를 보내는 방법으로 문자나 숫자별로 약속된 길이만큼 신호를 지속하다가 끊다가 하는 방법을 사용했다. 가장 단순한 신호전송 형태인 이 방법은 전선을 통해 신호를 보내는 유선전신에서 이미 정립된 기술이다. 유선전신은 모스Samuel Finley Breese Morse, 1791~1872에 의해 이미 1844년에 워싱턴 D.C.와 볼티모어 사이에서 전기신호를 주고받았다. 1892년에는 벨Alexander Graham Bell, 1847~1922이 신호가 아닌 음성을 주고받는 유선전화로 뉴욕과 시카고를 연결하는 원거리 전송에 성공했다.

그러나 무선전신은 1905년까지도 음성전송을 하지 못하고 모스부호를 통해 정보를 주고받았다. 현재까지 AM 라디오에 사용되는 진폭변조amplitude modulation, AM 방식으로 무선전신에 음성을 실어 보내는 기술은 1906년에 개발되었다. 1909년이 되자 강력한 송신기가 개발되어 여러 개의 수신기로 동시에 신호를 보내는 방송broadcasting도 가능해졌다. 단일 수신기를 향해 신호를 보내는 내로캐스팅narrowcasting의 벽을 뛰어넘은 기술이었다. FM 라디오 기술인 주파수변조frequency modulation, FM 방식은 1933년에 특허를 취득한다.

송신기술과 함께 수신기술도 발전하며, 이 과정에서 무선wireless을 뜻하던 단어인 라디오radio는 무선 수신기란 의미를 함께 가지게 된다. 거대한 하나의 송신기로 신호를 보내고 이를 다시 대형 수신기로 받아야 했던 1 대 1 송수신 무선radio 전신기술은 점차 하나의 방송국에서 수많은 라디오radio 수신기로 신호를 보내는 1 대 다수 기술로 발전하였다. 그 과정에서 소비 제품인 라디오 수신기는 트랜지스터 기술을 이용하여 휴대 가능할 정도로 작아졌다. 이제는 송신기를 소형화하여 1 대 1 송수신을 구현할 차례였다.

☀ 휴대전화

1973년 모토롤라의 쿠퍼Martin Cooper, 1928~는 하나의 송신기 대신 여러 개의 중계기가 각각 하나의 셀cell을 담당하는 방식으로 송수신 지역을 촘촘히 나누는 새로운 통신방식을 발명했다.[5] 각 셀별로 중계기와 셀 안에 있는 수신기가 전파를 주고받는다고 해서 셀룰러cellular 방식이라 불리는 통신방식이었다. 인접한 셀끼리는 주파수 대역을 달리하되, 제한된 주파수 대역을 다수의 사용자가 이용할 수 있도록 멀리 있는 셀에서는 재활용했다.

즉, 인접 셀끼리는 서로 주파수 대역을 달리하고 일정 거리 이상 떨어진 셀에서는 다시 동일한 주파수를 사용하는 방식이다. 이렇게 하면 4가지의 주파수만 사용해도 인접한 셀 사이에서 신호간섭이 일어나지 않을 수 있다. 평면을 유한개의 부분으로 나누어 각 부분

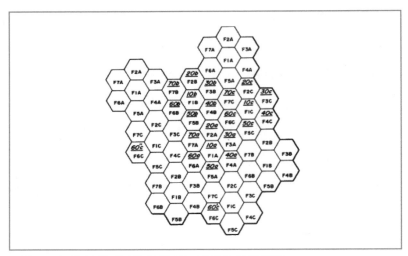

그림 15-2 셀 구획 개념을 보여 주는 쿠퍼의 특허 도면

에 색을 칠할 때, 서로 맞닿은 부분을 다른 색으로 칠한다면 4가지 색으로 충분하다는 4색 문제와 같은 개념으로 정리할 수 있다. 수신기가 한 셀에서 다른 셀로 이동해도 연결이 이어지도록 연결 건네주기hand over 방식으로 셀의 경계를 지나는 무선전화의 이동도 가능해졌다.

무선전신 초기에는 모스부호를 보내다가 음성신호를 실어 보냈는데, 무선 휴대전화는 음성 통신을 하다가 데이터를 주고받을 수 있도록 진화했다. 통신기술과 반도체 집적기술의 발전은 전화기를 손 안의 컴퓨터인 스마트폰으로 만들었다. 사무실의 컴퓨터는 에테르ethernet를 통해 서로 연결되고, 손으로 들고 다니는 컴퓨터는 세포 단위로cellular 이어지는 시대가 되었다.

☀️ 미세구조 관찰

관찰의 사전적 의미는 "사물의 현상이나 동태 따위를 주의하여 잘 살펴봄"이다. 무엇이든 잘 살펴보려면 서로 가까이 있는 두 점을 구분해 볼 수 있는 능력인 분해능이 좋아야 한다. 사람 눈의 분해능은 약 $75\mu m$ 0.075mm 므로, 이보다 더 가까이 위치한 두 점은 현미경을 통해 확대해서 $75\mu m$ 정도 떨어뜨려 놓아야 구별할 수 있다. 그런데 상을 확대한다고 해도 파동인 가시광선이 가지는 파장 크기의 한계 때문에 분해능을 무한정 높일 수는 없다. 두 점이 서로 겹쳐지기 때문이다.

빛으로 물질을 볼 때는 렌즈 물질의 종류에 따라 약간의 차이가 있지만, 인접한 두 점은 광선 파장의 1/2만큼은 떨어져 있어야 서로 겹치지 않고 구분된다. 가시광선 중 가장 파장이 짧은 보라색의 파

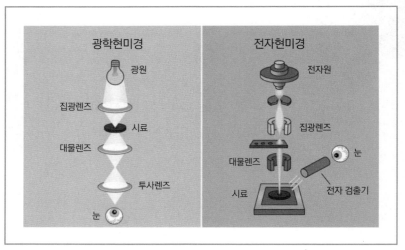

그림 16-1 광학현미경과 전자현미경의 구조

장도 약 0.4μm이기 때문에 대략 0.2μm까지는 두 점을 서로 겹치지 않게 확대해서 75μm로 떨어뜨려 놓을 수 있다. 그러므로 일반적인 광학현미경의 분해능은 0.2μm로, 맨눈의 분해능보다 약 350배 정밀한 관찰이 가능하다.

더 작은 물체를 보려면, 즉 분해능을 높이려면 가시광선보다 짧은 파장을 갖는 파동을 사용해야 한다. 전자기파로는 자외선, X-선, 감마선이 있지만 가시광선용 렌즈처럼 확대상을 얻기 위한 집속수단을 만들기가 어렵다. 자외선은 일반렌즈에서 차단되고 X-선과 감마선은 렌즈를 통과해 버리는 특성 때문이다. 이 문제를 해결하려면 가시광선보다 짧은 파장을 가지면서도 집속이 가능한 파동을 찾아야 했다.

그 파동은 빛이 아니라 바로 드브로이Louis de Broglie, 1892~1987가 발견한 물질파 개념으로 해석한 전자의 운동이었다. 물질파로 본 전자의 파장은 운동량의 크기에 반비례($\lambda=\dfrac{h}{mv}$)하므로, 파장이 짧은 전자의 흐름을 만들기 위해서는 전자에 가하는 전압을 높여 운동량을 크게 하면 된다. 또한 전자빔을 집속하기 위해서는 운동하는 전자를 중심축 쪽으로 밀어주어야 하는데 자기장을 이용하면 렌즈가 빛을 집속시키듯 전자를 한 점으로 모을 수 있다. 이렇게 집속된 전자들이 조사된 물체의 확대상은 형광판이나 사진판에 기록된다.

☀ 보는 전자현미경

독일 지멘스에서 일했던 루스카Ernst August Friedrich Ruska, 1906~ 1988는 최초의 전자현미경 설계를 포함한 전자광학에 대한 기여를 인정받아 1986년 노벨 물리학상 절반을 수상하였다. 나머지 절반은 IBM의 게르트 비니히Gerd Binnig, 1947~와 하인리히 로러Heinrich Rohrer, 1933~2013에게 공동으로 돌아갔다. 비니히와 로러는 전자의 터널링 효과[1]를 이용하는 주사터널링현미경scanning tunneling microscope을 개발했다.

루스카는 전자현미경의 원리가 되는 전자광학에 관한 최초의 논문[2]을 발표한 1931년으로부터 무려 55년, 1932년 특허[3]를 출원한 뒤 54년이나 지나서 노벨상을 받았다. 수상 후 1년 반 후에 사망했으니 노벨상위원회가 2년만 늦게 결정했다면, 생존자만 자격이 있는 수상자 명단에서 제외될 뻔했다.

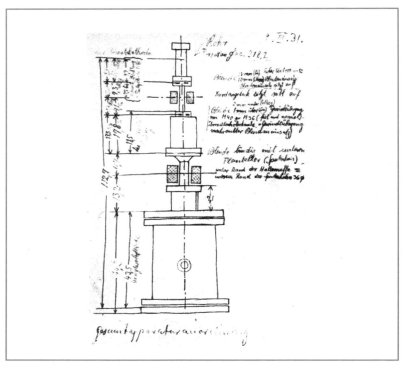

그림 16-2 루스카의 1931년 전자현미경 스케치

루스카는 베를린기술대학의 고전압연구소High Tension Laboratory
에서 박사과정 연구 주제로 전자광학을 선택해 막스 크놀Max Knoll,
1897~1969과 함께 400배의 해상도를 가지는 최초의 전자현미경을
설계하고 제작하였다. 현재의 광학현미경과 비슷한 배율이지만 출
발부터 광학현미경의 분해능 한계를 뛰어넘는 배율이었다. 루스카
가 특허를 출원했던 1932년에는 크놀이 연구소를 떠났기 때문에 공
동 발명자 이름에는 루스카와 함께 보리스Bodo von Borries, 1905~19564
만 올라갔다. 하지만 크놀은 물론 보리스도 일찍 세상을 떠나는 바

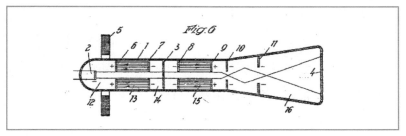

그림 16-3 뤼덴베르크의 전자현미경 특허 도면

람에 루스카가 수상할 때는 공동 후보로 거론될 수조차 없었다.

　루스카가 대학에서 연구하던 시기에 독일의 지멘스에서도 라인홀트 뤼덴베르크Reinhold Rudenberg, 1883~1961가 전자현미경을 개발했다. 전화기를 발명한 벨이 농아인 어머니와 아내에 대한 사랑으로 청력 연구를 했다고 하는데, 뤼덴베르크는 소아마비를 앓던 아들을 위해서 소아마비 바이러스를 관찰하겠다는 일념으로 전자현미경을 발명했다. 하지만 뤼덴베르크의 전자현미경은 전자를 집속하기 위해 전기장을 사용하는 것이어서 실용화에 적합하지 않았다. 전기장으로 전자를 집속하려면 자기장으로 집속하는 것보다 훨씬 복잡한 구성을 갖추어야 하고 효율적이지도 않기 때문이다.

　지멘스에서는 1932년에 뤼덴베르크가 발명한 전기장 이용 전자 집속 방식의 전자현미경을 제작해서 확대영상을 얻기도 했다. 그러나 바로 다음 해 루스카의 전자현미경이 제작되고 뛰어난 성능을 보이자 루스카에게로 관심을 돌렸다. 루스카는 1937년 지멘스에 합류했고, 의사였던 루스카의 형도 생물학 시료의 관찰을 위해 방문연구자로 참여했다. 이런 노력으로 마침내 1938년 지멘스는 최초로 상업용 전자현미경을 제작했다. 루스카는 장수하여 노벨 물리학상을 받는 영광을 누렸지만, 병을 앓고 있는 아들에 대한 안타까움을 연구로 승화해서 새로운 개념을 개척한 뤼덴베르크도 전자현미경의 역사에서 기억해야 할 이름이다.

☀ 만지는 전자현미경

바이러스의 크기는 종류에 따라 10~100nm로 분포한다. 75nm 크기의 바이러스를 분해능 $75\mu m$ 크기로 확대하려면 1천 배의 배율을 가지는 전자현미경이 필요하여, 이 바이러스 내부 구조를 보려면 1만 배에서 10만 배의 배율이 요구된다. 루스카의 개념으로 제작된 전자현미경은 10만 배 전후의 배율로 바이러스를 관찰하는 데 유용하다. 그런데 과학자들은 물질을 이루는 구성 원소 자체를 관찰하기를 원했고, 그러자면 고체 속 원자 간격인 1nm 이하를 구별하기 위한 100만 배 이상의 확대상이 있어야 했다.

전자현미경에서 분해능을 높이려면 물질파인 전자의 파장을 짧게 해야 하므로, 전자의 운동량을 크게 만들기 위해 전압을 높여야 한다. 그런데 고전압을 유지하기 위해서는 절연강도가 크지만 온실가스 규제대상이기도 한 육불화황^{SF_6}을 대량 사용해야 한다. 장비 자체도 거대한 규모여서 2~3층 건물 전체가 전자현미경 설비로 채워져야 한다. 그렇게 가속전압을 1백만 볼트 수준으로 끌어올려도 원자의 크기인 1nm 수준을 관찰하기는 쉽지 않다. 광학현미경에서 가시광선의 분해능 한계를 만났던 것처럼 전자빔이 가지는 분해능의 한계에 근접하기 때문이다.

따라서 원자를 직접 관찰하기 위해서는 기존 전자현미경이 아닌 새로운 접근방법이 필요했다. 이렇게 해서 새로 등장한 현미경이 만지는 현미경인 주사터널링현미경이다. 루스카와 노벨상을 공동 수상한 게르트 비니히와 하인리히 로러가 스위스 취리히 IBM연구소에서 1979년에 이룩한 업적이다. 이들은 미세한 탐침으로 물체의 표면을 더듬어 표면의 높낮이를 조사하는 방식을 도입했다. 루스카가 55년을 기다려 노벨상을 받은 데 비해, 이 두 사람은 업적을 발표한 뒤 불과 7년 만에 수상자 대열에 올라 대조를 이루기도 했다.

주사터널링현미경에서 탐침의 끝과 물체의 표면은 서로 직접 닿지는 않지만 원자 2~3개 층 정도의 짧은 거리를 유지해서 양자역학적 현상인 터널링 전류를 측정할 수 있다. 미세한 도구로 표면을 더듬는 이 방식은, 미세 움직임이 일어나는 압전소자를 이용해 표면을 따라 탐침을 이동시킨다. 이렇게 이동하는 탐침의 움직임으로 표면 원자의 형상을 직접 그려 낸다. 마치 손으로 읽는 글씨인 점자처럼 새로운 읽기방식을 제공한 셈이다.

비니히와 로러는 스위스 특허청에 1979년 9월 20일자로 특허 출원CH1979-0008486하였고, 스위스에 출원한 날부터 1년이 되기 직전인 1980년 9월 12일에 미국 특허청에도 '주사터널링현미경Scanning Tunneling Microscope'이라는 이름으로 출원US 186,923하였다. 특허에 사용된 명칭은 그대로 새로운 기술과 장비의 이름이 되었다.

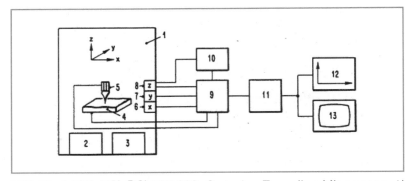

그림 16-4 미국 특허 출원 186,923, Scanning Tunneling Microscope 시료(4) 위에 탐침(5)이 위치하고, 시료와 탐침의 간격을 유지하도록 x(6), y(7), z(8)축을 제어한다.

발명을 국제적으로 보호하기 위해 1883년에 체결된 파리조약은 어느 나라에 처음 출원한 날부터 1년 이내에 다른 나라에 출원하면 그 나라에서도 권리를 보호받는 우선권을 인정한다. 다시 말해, 두 사람의 스위스 출원일 후 미국에 출원하기 전에 우연히 동일한 발명을 한 다른 사람이 미국에 먼저 특허 출원을 했다고 해도, 비니히와 로러의 출원에는 우선권이 인정되어 스위스 출원일을 기준으로 선출원자를 가리므로 미국 특허도 이들이 받는다.

또한 비니히와 로러는 관련 논문을 첫 특허 출원일로부터 2년을 훨씬 넘긴 1982년 4월에 발표하였다.[5] 특허는 출원일 기준으로 새로움이 인정되어야 하므로 출원 전에 논문을 발표했다면 자신의 논문에 의해 거절될 수도 있기 때문이다. 이 논문을 포함하여 비니히와 로러가 발표한 여러 편의 학술논문에는 기술적 도움을 준 크리스토프 거버Christoph Gerber와 에드문트 바이벨Edmund Weibel의 이름

그림 16-5 실리콘 표면 원자 형상을 나타내는 주사터널링현미경 영상

도 공저자로 등재되어 있지만, 특허 문헌에는 공동 발명자로 기록하지 않았다. IBM의 특허와 논문 발표 규정을 정확히 따른 결과다.

☀ 논문 발표와 특허 출원

비니히와 로러의 사례는 특허 출원과 논문 발표의 이상적인 모습을 보여 준다. 연구소가 위치한 곳인 스위스에 최초로 출원하고, 파리조약에 따라 위 특허를 우선권으로 주장하면서 1년 이내에 미국에 출원하여 등록받았다. 또한 발명자로는 ① 발명의 완성에 참여했고, ② 일정한 기술 문제 해결을 위한 연구를 했으며, ③ 실질적인 상호협력을 했던 두 사람의 이름만 기재하여 발명자 범위를 명확하게 하였다.

무엇보다 특허 출원 이후에 논문이 게재되도록 하여, 자신이 발표한 논문으로 특허의 신규성이 문제되는 일이 없도록 하였다. 논

United States Patent [19]

Binnig et al.

[54] SCANNING TUNNELING MICROSCOPE
[75] Inventors: Gerd Binnig; Heinrich Rohrer, both of Richterswil, Switzerland
[73] Assignee: International Business Machines Corporation, Armonk, N.Y.
[21] Appl. No.: 186,923
[22] Filed: Sep. 12, 1980
[30]   Foreign Application Priority Data
   Sep. 20, 1979 [CH] Switzerland 8486/79

그림 16-6 비니히와 로러의 1979년 스위스 출원이 기록된 1980년 미국 출원 특허

문에는 자신들의 연구를 도와준 사람들의 이름을 게재했지만, 그들이 단지 기술적 도움을 준 사람임을 감사문[6]에만 밝힘으로써 특허권과 관련하여 뒷날 발생할 수 있는 분쟁의 소지를 없앴다. 주사터널링현미경을 개발한 공로로 노벨 물리학상 수상자로 두 사람을 선정하는 데 다른 논란이 없었던 이유이기도 하다.

루스카는 눈과 가시광선이던 관찰도구와 수단을 형광판과 전자로 확장하였다. 물론, 형광판에 맺힌 상은 가시광선을 통해 눈으로 확인해야 한다. 비니히와 로러는 눈으로 확인할 수 있는 상을 아예 점자를 읽듯이 더듬는 방식으로 만들어 냈다. 본다는 개념을 확장시킨 사람들이다. 이들은 IBM과 지멘스라는 기업에서 아이디어를 착상했거나 실용화를 위한 개발을 지속했다는 공통점을 가진다. 아들의 병을 치료하기 위한 자료를 제공하려고 현미경 연구를 했던 뤼덴베르크의 선구적 연구도 전자현미경의 역사에 기록되어 있다.

슈뢰딩거 고양이와 양자얽힘

슈뢰딩거는 전자 등 작은 입자의 시간에 따른 운동상태를 파동방정식으로 표시했다. 그런데 슈뢰딩거방정식이라 불리는 이 방정식의 해를 놓고 격론이 벌어진다. 가수 올리비아 뉴턴 존의 외할아버지이기도 한 막스 보른은 슈뢰딩거가 세운 파동방정식의 해를 확률분포함수로 해석했다. 특정 시간에 전자의 위치를 계산하면 '어느 한 상태에 있다'가 아니라, '몇 개의 상태에 각각 얼마씩의 확률로 있다'로 나온다는 것이다. 이를 한 입자가 특정 시간에 여러 상태에 동시에 있을 수 있다고 해서 중첩되었다고 한다.

입자는 하나인데 어느 시점에 1의 상태에 있을 확률이 40%이고 2의 상태에 있을 확률이 60이라는 이 설명에 정작 방정식을 세운 슈뢰딩거는 분개했다. 두 상태는 각각의 확률로 동시에 전자를 가질 수 있다가(파동함수의 중첩), 관측을 하면 그중 하나의 상태로 결정(파동함수의 붕괴)된다는 어정쩡한 결론을 반박하기 위해 슈뢰딩거는 그 유명한 고양이를 끌고 나온다.

50%의 붕괴확률을 가진 원소에 연결된 독약이 고양이 상자 안에 있을 때 그럼 그 고양이는 죽은 상태와 산 상태가 각각 50%씩 겹쳐 있다고 봐야 하나?

막스 보른과 뜻을 같이하는 물리학자들은 코펜하겐의 닐스 보어를 중심으로 형성되어 있어서 코펜하겐학파라고 불렸다. 이들은 고양이가 살아 있으면서 동시에 죽은 것이 아니라 살아 있을 확률이 50%라고 설명했다. 파동함수가 인간의 지식을 반영하고 있어서다. 그러니 전자가 속한 미시세계 지식도 더 많아지면 더 이해하기 쉬운 확률로 설명할 수 있다는 거다.

아인슈타인도 코펜하겐학파 해석에 반대했다. 그는 양자역학의 이론을 받아들이고 싶지 않아서 사고실험으로 양자역학 이론을 반박했으나 번번이 보어와 벌인 논쟁에서 패하곤 했다. 아인슈타인이 포돌스키, 로젠과 함께 주장한 유명한 사고실험으로 이들의 이름 첫 자를 딴 EPR역설이 있다.

EPR역설은 이렇다. 한 시스템을 이루는 전자가 두 개 있을 때 전자가 가지는 스핀은 각각 '업, 다운'과 '다운, 업'이 반반의 확률로 겹쳐 있다. 그러니까 하나가 업이면 다른 하나는 다운이어야 하고, 그 반대도 마찬가지다. 물론 어느 전자가 업인지 혹은 다운인지는 확인해 봐야 알 수 있다. 아인슈타인은 이 두 전자를 지구와 달처럼 멀리 떨어진 거리에 떨어뜨려 놓은 상태에서 하나의 스핀 상태를 확인하면, 양자역학적으로는 그 확인한 순간에 다른 스핀 상태도 결정되어야 되는 것 아니냐고 질문했다.

이렇게 먼 곳에서 동시에 신호를 주고받는 결과가 나온다면, 빛보다 빠르게 무언가 작용을 주고받는다는 이야기가 되므로, 마치 '유령'과 같은 작용이라고 했다. 그런데 이를 실험으로 증명할 수 있는 방법을 존 스튜어트 벨이 제안했고, 물리학자들의 실험결과 '유령'과 같은 작용이 존재했다. 이를 양자얽힘이라고 한다. 양자얽힘을 이용하면 양자암호화 기술을 구비한 양자컴퓨터를 개발할 수 있다. 양자암호화 기술은 현재의 모든 컴퓨터 암호화 기술을 무력화시킬 정도로 강력하다.

IV

'전자의 실크로드' 회로를 연결하다

제2차 세계대전 중 독일군은 보안 통신을 위해 암호를 생성하고 해독하는 에니그마 기계를 사용하였다. 에니그마의 암호는 전기회로를 거쳐서 복잡하게 만들었지만 규칙을 찾아내면 풀 수 있었다. 수많은 경우의 수를 계산하는 문제를 풀기 위해 영국군은 버킹엄셔주에 위치한 저택 블레츨리파크에 거대 동상이라는 뜻을 가진 콜로서스라는 이름의 계산장치를 비밀리에 설치했다.

1943년부터 동작에 들어가 독일군의 암호를 해독하던 콜로서스는 개선을 거듭하여 노르망디 상륙작전 등에서 연합군의 전략수립에 큰 기여를 했지만, 1970년대까지 그 존재가 비밀에 부쳐졌다. 이 때문에 한동안 1946년에 펜실베이니아대학에 설치된 에니악(ENIAC)이 최초의 전자식 컴퓨터로 알려지기도 했다. 전자식 숫자 적분 및 계산기(Electronic Numerical Integrator And Computer)라는 뜻의 에니악은 포탄의 탄도를 계산하기 위해 만들어졌다.

콜로서스와 에니악은 전자식 계산을 위해 진공관을 수천 개씩 설치했다. 진공관은 에디슨이 전구의 필라멘트로 사용하던 탄화 대나무에서 생기던 전구 속 검댕을 제거하다 발견한 열전자를 응용한 장치였다. 2극 또는 3극으로 구성된 진공관은 진공 속에서 전류의 흐름을 제어하는 스위치가 되어, 마치 수도꼭지를 열고 닫는 것처럼, 작은 전류로 큰 전류의 흐름을 끌어내는 증폭장치로 발전했다.

진공관의 스위치 및 전류증폭 기능은 놀랍도록 유용했으나 다루기는 어려웠다. 열전자 방출로 인한 발열로 유리에 금이 가거나 결합부가 헐거워져서 진공이 깨지는 일이 빈번했고 크기도 커서 컴퓨터 하나가 연구실 하나를 차지하기도 했다. 이런 상황에서 벨연구소의 바딘과 브래튼 그리고 쇼클리는 트랜지스터를 반도체로 만들어서 전자산업의 패러다임을 바꾸는 계기를 제공했다.

트랜지스터는 진공관보다 안정되고 크기도 작아졌지만 전자공학자들이 설계하는 점점 더 복잡해지는 회로를 구현하기에는 여전히 불편했다. 수천 개씩 사용하던 진공관을 수만 개의 트랜지스터로 확장하는 것은 가능했지만, 수십만 또는 수백만 개의 트랜지스터를 연결하는 작업은 너무 어려운 일이었는데, 텍사스 인스트루먼트의 킬비는 한국인 과학자 강대원이 특허를 받은 기술인 전계효과 트랜지스터를 반도체 소자에 집적하여 이 문제를 해결했다.

콜타르를 토끼 귀에 발라서 암의 원인을 규명했던 일본의 야마기와 가쓰사부로는 1926년 피비게르와 함께 노벨 생리의학상의 유력한 후보였으나 수상에는 실패했음을 앞(05 암의 진단과 치료)에서 확인한 바 있다. 피비게르의 연구결과에 오류가 있었다는 사실이 알려지면서 일본의 아쉬움은 컸지만 달리 방법은 없었다. 그 뒤로도 몇 차례 노벨상 문턱에서 주저앉았던 일본 과학계는 마침내 1949년 유카와 히데키가 물리학상을 수상하여 물꼬를 튼다. 야마기와 이후 23년이 지난 시점이었다.

한국인 과학자가 객관적으로 노벨상 수상에 가까이 갔던 사례는 제II부에서 보았던, 2010년 그래핀 연구에 노벨 물리학상이 주어졌을 때다(10장 새로운 탄소 신소재, 그래핀). 유력한 후보였던 월터 드 히어가 자신과 김필립이 노벨 물리학상에서 제외된 것에 대해서 불만을 표시하기도 해 한국 언론의 비상한 관심을 받기도 했다.

김필립 이전인 20세기 중반에, 트랜지스터와 반도체 집적소자로 상징되는 극소전자혁명을 이끌며 노벨상을 휩쓸던 주역들과 어깨를 나란히 했던 한국인 과학자 강대원은 미국 벨연구소에서 전계효과 트랜지스터를 발명했다. 역시 벨연구소의 바딘과 브래튼 그리고 쇼클리가 트랜지스터 개발로 노벨상을 받은 1956년보다 3년 늦은 1959년이었다. 노벨상과는 거리가 있었지만 강대원의 발명은 반도체 강국 코리아가 20세기 후반부터 전 세계에서 가장 활발히 연구하고 생산하는 기술의 원천이기도 하다.

전도성 고분자 연구에 주어진 2000년 노벨 화학상에도 한국인의 기여가 있었다. 노벨 화학상을 수상한 일본의 시라카와는 한국인 유학생 변형직의 도움으로 플라스틱인 폴리아세틸린이 전도성을 가질 수 있다는 사실을 확인했다. 변형직이 촉매의 양을 지시보다 1천 배나 많이 넣어서 생각지도 못한 물질을 만들었기 때문이다. 시라카와가 미국 펜실베이니아대학으로 가서 후속 연구를 이어갈 수 있었던 데 비해 변형직은 그런 기회를 얻지 못했다는 사실은 아쉬움으로 남는다.

17
반도체 시대의 출발, 트랜지스터
트랜지스터의 개발과 1956년 노벨 물리학상 수상자 바딘

💡 에디슨의 전구와 음극선관

전구를 실용화하는 과정에서 에디슨Thomas Alva Edison, 1847~1931
은 다양한 종류의 필라멘트를 실험하였다. 목화로 만든 실 조각을
오븐에 구워 탄화시킨 탄소필라멘트로 특허US Patent 223,898, Electric
lamp를 받은 뒤에는 탄화된 대나무를 필라멘트로 사용하기도 했다.
이 과정에서 탄소필라멘트의 탄소성분이 증발해 전구 안쪽 유리벽
에 검댕이 붙는 현상이 생겼다. 이를 해결하기 위해 다양한 실험을
하던 에디슨은 전구 안에 전극을 하나 더 넣어 보았다.

탄소필라멘트에 전류를 흘리면서 추가된 전극에 양극과 음극을
번갈아 가며 연결하자, 추가 전극이 양극에 연결되었을 때만 양극으
로 전류가 흐르면서 검댕도 추가 전극에 달라붙었다. 이 현상을 에
디슨은 전기 표시기electrical indicator라는 이름으로 1883년에 특허[1]

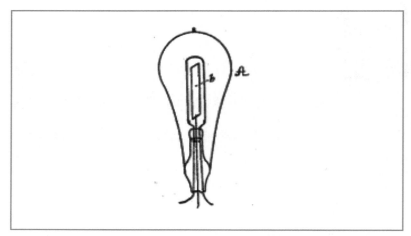

그림 17-1 필라멘트 사이에 양극 추가 전극인 금속판(b)이 포함된 에디슨의 전구 특허

로 출원했으나 그 원리는 알지 못했다. 필라멘트의 연소를 늦추려고 전구를 진공으로 만들었으므로 일종의 음극선관이 된 셈인데, 고전압으로 대전된 음극이 아니라 단순히 전류가 흐르기만 하는 필라멘트에서도 음극선이 나오리라고는 생각할 수 없었다.

아직 전자의 실체가 밝혀지기 전이라, 진공관 내의 대전된 음극에서 방출되는 전자의 흐름을 두고 입자냐 파동이냐를 다투던 시기였다. 그러니 '전기 표시기' 내부에서 음극선관과 동일한 현상이 일어나고 있다는 사실은 에디슨뿐 아니라 아무도 알지 못했다.

진공 속에 놓여 있는 탄소필라멘트에 전류가 흐르면 탄소필라멘트의 온도가 올라가서 그 내부 전자의 일부가 큰 운동에너지를 가진다. 이때 전자가 가지는 큰 운동에너지는 탄소필라멘트의 탄소원자가 붙잡는 에너지보다 커져 탄소원자를 벗어나 진공 중으로 방출되는 열전자가 된다. 열전자가 대량으로 방출되면서 일부 탄소원자가 함께 떨어져 나와 검댕으로 전구 유리벽 안쪽에 달라붙다가, 새로운 양극이 전구 내부에 추가되자 그쪽으로 끌려갔다.

그런데 전구 안쪽의 검댕은 필라멘트를 금속재질로 바꾸자 자연스럽게 해결되어서, 에디슨도 이 문제에 더 매달리지 않았다. 탄소 필라멘트 전압을 높여서 전구의 밝기가 밝아질수록 추가 전극으로 전류가 많이 흐르는 '전기 표시기' 현상은 금속필라멘트 전구에서는 더 이상 사용할 필요가 없었다. 금속원자도 극미량이 전구 내벽에 달라붙을 수 있지만 전구 밝기에 어떤 영향도 주지 않았다.

프리스William Henry Preece, 1834~1913는 뜨거워진 진공 속의 필라멘트에서 방출된 열전자가 양으로 대전된 전극으로 끌려가서 전류가 흐르는 이 현상에, 1885년에 발표한 논문을 통해 에디슨 효과Edison effect라는 이름을 붙였다. 물론 프리스도 이 현상이 음극선관 내부에서 일어나는 일과 동일하다는 사실은 몰랐고, 그 안에 흐르는 것이 전자라는 것도 알지 못했다.

☀ 열전자 방출 현상

한 쪽만 전극에 연결되는 두 번째 도선이 음극에 연결될 때는 전류가 흐르지 않다가, 양극에 연결되면 전류가 흐르는 에디슨 효과의 응용은 플레밍John Ambrose Fleming, 1849~1945이 발견하였다. 마르코니가 만든 영국 전신회사에서 일하던 플레밍은 에디슨 효과를 전

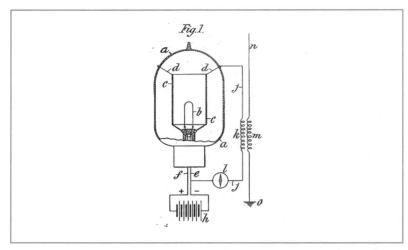

그림 17-2 **플레밍의 2극 진공관 특허 도면** 전자기파로 전송되어 온 신호를 안테나(n)에서 포착해서 공진기(m, k)를 통해 2극 진공관의 제2전극(c)에 전달한다. 제1전극(b)에서 방출하는 열전자는 제2전극에 양의 전기장 값이 형성될 때만 제2전극으로 흐른다.

자기파 검출에 활용했다. 플레밍의 2극 진공관 특허[2]는 안테나로 전자기파를 검출하여 제2전극에 가하면, 전자기파의 전기장이 양의 값과 음의 값을 오가며 진동할 때 전기장의 값이 양positive이 되는 동안만 전류가 흐르는 기술에 관한 것이다.

2극 진공관 특허로 전류값을 측정하면 전자기파가 도달되고 있는지 여부를 조사할 수 있다. 전자기파의 전기장은 양과 음으로 진동하므로, 제2전극의 전기장 값이 음으로 되는 순간에는 제2전극으로 열전자가 흐르지 않지만, 전자기파의 진동수가 크기 때문에 양의 전기장 값을 거의 연속된 신호처럼 받을 수 있다. 무선신호는 모스 부호를 사용하여 신호의 길이 간격만 조정하면 되었으므로 정보

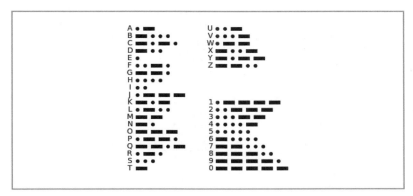

그림 17-3 모스 부호 문자와 숫자

전달에는 문제가 없었다.

현상을 발견만 하고 그 응용을 찾지 못한 에디슨보다 한발 더 나아갔지만 플레밍도 그 현상을 이용하기만 했지 원리까지는 찾아내지 못했다. 이 문제는 리처드슨Owen Willans Richardson, 1879~1959이 제안한 도체의 전기전도성에서 비롯된 열전자방출이론으로 해결하였다. 전기가 통한다는 건 도체 내를 자유롭게 움직이는 자유전자가 존재한다는 얘기인데, 고온에서는 이 전자들이 충분한 열에너지를 흡수해 도체 밖으로 방출된다. 이러한 연구를 통해 리처드슨은 '열전자 현상에 관한 연구와 리처드슨 법칙의 발견'에 대한 기여를 인정받아 1928년 노벨 물리학상을 수상하였다.

리 디포리스트Lee de Forest, 1873~1961는 필라멘트와 제2전극인 양극 사이에 그리드를 넣은 3극 진공관을 개발하여 1907년에 특허[3]를 획득하였다. 트라이오드triode라고도 부르는 3극 진공관은 2극 진공관에 그리드가 추가되었으므로, 그리드가 전류의 흐름을 조절하는

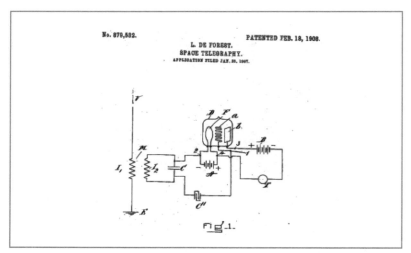

그림 17-4 디포리스트의 3극 진공관 특허 도면

역할을 한다. 그리드에 음전압을 걸어 주면 전자가 그리드에서 차단되어 양극까지 전류가 흐르지 않다가 그리드의 전압을 낮추면 양극으로 흐르는 전자의 양이 많아져서 전류가 증가한다.

그리드의 전압을 조금만 변화시켜도 음극인 필라멘트에서 제2전극인 양극으로 흐르는 전류는 큰 변화를 나타내는데, 이를 증폭작용이라고 한다. 물탱크 아래 달린 수도꼭지를 조금만 돌려도 흐르는 물의 양을 크게 변화시킬 수 있는 것과 비슷한 효과다. 2극 진공관과 3극 진공관의 개념은 다이오드와 트랜지스터로 각각 이어진다.

💡 바딘과 브래튼 그리고 쇼클리

백열전구는 필라멘트에 흐르는 전류가 방출하는 빛을 사용하기 위한 것이지만 함께 방출하는 열로 인해 광효율은 5%에 불과할 정도로 대부분의 에너지가 열로 소모된다. 열전자의 진공 내 흐름을 이용하는 진공관도 사정은 다르지 않아서 비효율적일 뿐 아니라 수명도 짧은 편이다. 열전자의 발생 자체가 고온을 요구하기 때문이다. 진공으로 열전자를 발생시키지 않고도 전자의 흐름을 제어하는 방법이 필요했다. 진공이 아닌 고체 내부에서 전기저항을 조절할 수 있는 재료인 반도체를 활용하면 가능한 문제였다.

반도체를 이용한 2극관인 다이오드는 에디슨의 특허보다 빠른 1874년에 결정의 '일방 전도unilateral conduction'로 그 현상이 설명되었다. 무선전신 개발에 대한 공로로 1909년 노벨 물리학상을 수상한 브라운(182~183쪽 참조)의 업적이었다. 그런데 진공관 속을 흐르는 음극선이 전자고 금속이나 반도체에서 전류를 전달하는 입자도 전자임이 밝혀지고도, 오랜 시간이 지나서야 3극 진공관에 대응되는 트랜지스터가 개발되었다. 다이오드의 원리가 발견된 뒤 자그마치 74년이 지난 1948년에 벨연구소에서 일어난 일이다.

트랜지스터 개발과 초전도현상의 설명으로 노벨 물리학상을 두 번이나 받은 바딘John Bardeen, 1908~1991, 바딘의 동료 브래튼Walter Houser Brattain, 1902~1987 그리고 이 두 사람을 포함한 여러 사람을 팀원으로 두었지만 모두와 불화했다는 쇼클리William Bradford Shockley, 1910~1989가 그 주인공이다. 이 세 사람은 〈반도체 연구와 트랜지스터 효과의 발견〉으로 1956년도 노벨 물리학상을 공동 수상했는데, 이들의 공동 수상에는 몇 가지 사연이 있다.

논문 저자는 논문을 통한 학술활동으로 학계에 기여하고, 학술 업적으로 인정받아 신규 임용, 승진, 재임용, 종신임용, 연구비 지원, 성과급 지원 등의 이익을 받는다. 대학이나 연구소에서 출원하는 특허의 발명자도 이와 비슷한 이익을 향유한다. 여기에 더해 발명자는 기술을 이전하거나 사업화하여 얻은 기술료 또는 수익에서 일정비율의 금액을 보상금으로 받기도 한다. 저자가 명예를 얻는 논문과 달리 원칙적으로 발명자의 권리인 특허권은 계약과 법률에 의해 회사나 연구소 또는 학교의 권리로 이전되므로, 발명자의 기여로 회사 등이 얻게 되는 수익의 일부를 발명자에게 지급하기 때문이다.

학술적인 기여 없이 논문에 편승한 공짜 저자를 가리키는 선물 저자gift author와 유사한 선물 발명자gift inventor가 많은 것이 한국의 현실이지만, 미국에서는 공동 발명자를 잘못 추가한mis-joinder 경우는 누락한 경우non-joinder와 함께 특허 권리를 무력화할 수 있는 일이다. 한때 한국에서는 책임자라는 이유로 발명자에 끼어들어가는 사람이 흔해서 실제 미국에서 한국 기업과 특허 분쟁이 벌어지면, 상대방 측에서는 발명자 명단을 파악해서 가짜 발명자를 찾는 일도 드물지 않았다.

벨연구소에서 기적의 달miracle month이라고 불리는 1947년 12월에 바딘과 브래튼은 전류를 증폭하는 데 성공한 점접촉 트랜지스터point-contact transistor를 제작하고 두 사람을 공동 발명자로 보고하였다. 그러자 팀장이었던 쇼클리는 발명자가 잘못되었다면서 단순히 자기 이름을 추가하라는 정도가 아니라, 자신이 제안한 장효과 원

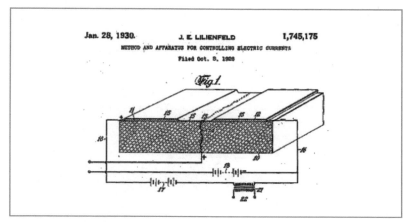

그림 17-5 릴리엔펠드의 장효과 원리 특허

리field effect principle에 기초한 성과니 자신이 단독으로 발명자가 되어야 한다고 주장하였다. 전계효과로도 불리는 장효과 원리는 오늘날 집적회로에 널리 쓰이는 기술이기는 하다.

벨연구소 사내 특허팀의 검토 결과, 쇼클리의 장효과 원리는 이미 1925년 캐나다에서 출원되고 1930년에는 미국에서도 등록받은 릴리엔펠드Julius Edgar Lilienfeld, 1882~1963의 특허4로 공개되어 있었다. 따라서 쇼클리가 발명에 기여한 내용은 없었다. 실제로도 바딘과 브래튼은 개발과정에서 쇼클리와 함께 일하지 않았으므로 쇼클리는 발명자가 아니었다.

이런 과정을 거쳐서 트랜지스터 특허5의 발명자는 바딘과 브래튼 두 사람으로 확정되었다. 이들이 개발한 최초의 트랜지스터는 베이스base로 사용된 게르마늄Ge 반도체 표면에 이미터emitter와 컬렉터collector로 쓰인 두 개의 바늘을 연결하여 단자로 만들었다. 반

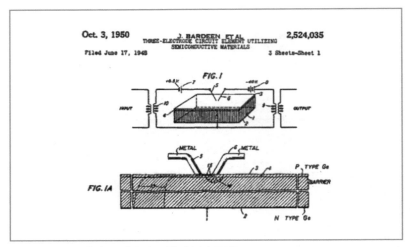

그림 17-6 바딘과 브래튼의 트랜지스터 특허

도체와 도체가 함께 사용된 트랜지스터였다.

자신을 발명자에서 배제한 회사 특허팀의 결정에 분노한 쇼클리가 비밀리에 단독 연구를 수행했고, 그 결과 점접촉 트랜지스터보다 신뢰성이 높고 제조원가도 싼 접합 트랜지스터를 개발한 것은 호사가들의 입에 오르내릴 만큼 유명한 이야기다. 접합 트랜지스터는 n형 반도체 사이에 p형 반도체를 끼워 넣거나, 그 반대로 p형 반도체 사이에 n형 반도체를 끼워 넣어서 제조한다. 반도체로 구성된 최초의 쌍극성 접합 트랜지스터bipolar junction transistor였다.

이 성과를 토대로 쇼클리는 바딘과 브래튼보다 불과 9일 늦게 새로운 특허를 출원하여 등록받는다.[6] 비록 괴팍한 성격으로 비난받았고 자신의 동료들이 대부분 함께 일하기 싫어했거나 떠났지만, 쇼클리는 미국 동부의 벨연구소를 떠나 1955년에 자신의 이름을 딴

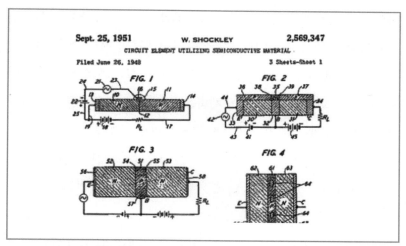

그림 17-7 쇼클리의 트랜지스터 특허

회사Shockley Semiconductor를 캘리포니아에 설립할 만큼 천재성과 함께 사업적 감각도 있었다.

쇼클리의 회사에 모였던 연구원들이 쇼클리를 견디지 못하고 떠나서7 만든 페어차일드 반도체Fairchild Semiconductor, 그 후 페어차일드 출신이 설립한 인텔 등 여러 회사가 오늘날 실리콘밸리의 시작이 되었으니 20세기 전자문명의 발달에 쇼클리는 여러 가지로 기여한 바가 크다.

☀ 집적회로 소자인 전계효과 트랜지스터를 발명한 강대원

바딘 등이 개발한 접합형 트랜지스터와 달리 장효과 원리를 이용한 릴리엔펠드의 소자는 전계효과 트랜지스터의 기본 개념을 제시했지만 실용화할 만큼 유용하지는 않았다. 부도체층을 형성하는 기술이 복잡했기 때문이다. 결국 릴리엔펠드의 특허 이후 34년이나 지난 1959년에 이번에도 벨연구소에서, 실리콘 소자를 만들면서 실리콘산화막SiO₂으로 부도체막을 구현해서 이 문제를 해결하였다. 주요 반도체 트랜지스터의 산실은 벨연구소였다.

한국인 강대원Dawon Kahng, 1931~1992[8]이 마틴 아탈라Martin Mohamed Atalla, 1924~2009와 함께 개발한 전계효과 트랜지스터Metal Oxide Semiconductor Field-Effect Transistor, MOSFET는 오늘날 디램DRAM 등 메모리소자를 비롯한 집적회로Integrated Circuit, IC에 사용되는 가장 핵심적인 소자다. 세계 최고를 자랑하는 한국의 반도체 산업은 한국인 강대원이 뿌린 씨앗을 수확하고 있는 셈이다.

노벨상이 트랜지스터를 1956년보다 10년쯤 늦추었더라면 강대

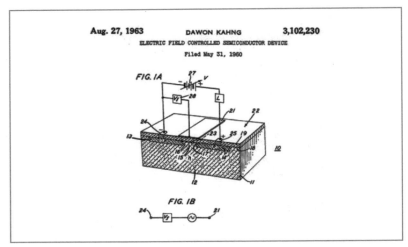

그림 17-8 강대원의 전계효과 트랜지스터 특허

원도 공동 수상자 명단에 올랐을까? 바딘과 브래튼의 점접촉 트랜지스터 그리고 쇼클리의 접합 트랜지스터 개발이 워낙 뛰어난 업적인데다 강대원은 릴리엔펠드가 제시한 개념을 구현한 데 불과해서 수상자가 되기에는 무리라고 보는 연구자가 많다. 1956년에 릴리엔펠드가 생존했음에도 그가 제외되었다는 점을 보면 수긍할 수 있는 주장이다.

☀ 쇼클리의 뒤끝

트랜지스터 발명의 공로를 독차지하려던 쇼클리의 특이한 성격이 아니었다면 바딘과 브래튼이 자신들의 특허에 쇼클리를 발명자로 함께 올려 주었을까? 바딘과 브래튼의 호의만으로는 어렵다. 권리관계에 명확하고 계약에 충실한 미국의 제도에 익숙한 특허 변호사가 허용하지 않았을 가능성이 크다.

앞서 설명한 선물 발명자의 포함과는 반대되는 경우로 발명자가 누락되면 어떻게 될까? 대한민국 특허청에서는 특허 출원 시 발명자가 누락된 경우에는 거절 및 무효 사유로, 특허 결정 전까지 추가 또는 정정이 가능하도록 규정하고 있다. 특허권이 등록된 후에는 특허청에 발명자 추가를 요청할 수는 있는데 불허되는 경우가 많지만, 납득할 만한 이유를 제시할 수 있다면 소송을 제기해서 바로잡을 수도 있다.

미국에서는 발명자를 잘못 추가하는 행위 못지않게 발명자의 누락에 엄격한 제재를 가한다. 작더라도 발명에 기여한 사람이 특허에 발명자로 등재되지 않을 경우, 누락된 발명자는 발명자로 등재해야 하며, 자신의 기여 부분뿐만 아니라 전체 발명에 대한 권리를 갖는 것으로 추정한다. 심지어 이처럼 누락된 발명자로부터 특허권을 받은 경우에도 특허를 정당하게 실시할 수 있다.

실제 쇼클리는 1970년대에 벨연구소의 특허 변호사인 토르시글리에리Arthur Torsiglieri에게 연락해서 이미 만료된 바딘과 브래튼이 받은 특허를 무효화하려고 시도했다. 특허 무효는 권리 만료 이후라도 가능하기 때문이다. 바딘과 브래튼의 발명 완성 이전에 자신이 출원했던 특허에 기재된 그림 중 하나가 점접촉 트랜지스터의 제조방법에 대한 제안으로 해석될 수 있다는 주장을 했다.

이 시기 바딘은 일리노이대학에 근무하면서 초전도 이론을 정립하여 1972년 두 번째 노벨 물리학상을 수상했다. 노벨상을 두 번 받은 사람은 여러 명 있지만, 물리학상을 두 번 받은 사람은 그때는 물론 지금까지도 바딘 혼자였으니 쇼클리의 질투심이 발동해서 생긴 일이라는 게 여러 과학사가들의 평가다.

이 시도는 쇼클리가 자신의 연구결과에 대한 증거를 제시하지 못하여 무산되었지만, 자신이 발명자로 포함되어야 한다는 주장 대신 두 사람의 업적을 없애기 위해 오랜 시간이 흐른 뒤에 특허를 무효화하려 했던 특이한 경우였다. 이 소동을 통해 쇼클리를 발명자에서 제외했던 1948년 벨연구소 판단의 정확성은 다시 한 번 더 증명되었다.

18
수의 횡포를 극복한 집적회로
집적회로의 개발과 2000년 노벨 물리학상 수상자 킬비

💡 특허로 받은 노벨상

기술이나 실용적인 성과에는 노벨상을 주지 않을 겁니다.

인텔의 공동 창업자로 실리콘 기반 집적회로의 개발자인 로버트 노이스Robert Norton Noyce, 1927~1990가 생전에 노벨상 수상 가능성에 대한 질문을 받았을 때 한 대답이다. 노이스는 쇼클리가 만든 쇼클리반도체연구소에 합류했다가, 쇼클리의 독선과 횡포를 못 견딘 나머지 뛰쳐나와 페어차일드 카메라와 손잡고 반도체회사를 만들었던 이른바 8인의 반역자traitorous eight 중 한 명이다.

MIT에서 물리학으로 박사학위를 받은 노이스가 생각하기에 쇼클리 등에게 노벨상을 안긴 트랜지스터 개발은 과학적 진보에 기여한 업적이지만, 실리콘 위에 트랜지스터, 커패시터와 함께 저항을 배열하고 서로 연결하는 것은 단순한 기술에 불과했을 수도 있다. 그러나 노벨상은 '집적회로integrated circuit의 발명'이 인류의 삶에 가져온 학문적 또는 문화적 진보를 기억했다. 노이스가 사망한 지 10년이 지난 2000년에 노벨 물리학상을 받은 잭 킬비Jack St. Clair Kilby, 1923~2005는 수상 연설에서, 노이스의 이름을 세 번이나 언급하며 그를 추억하였다.

과연 잭 킬비는, 그리고 로버트 노이스는 '전년도 인류에게 가장 큰 혜택을 준 사람'에게 주는 상인 노벨상을 받을 만큼 기여했을까? 실제로 이 둘은 연구결과물을 논문보다는 주로 특허로 남겼고, 함께 '미국 발명가 명예의 전당'[1]에 올랐으니 과학자라기보다는 토머스 에디슨이나 라이트형제처럼 기술자로 인식되기도 했다. 또한 이들은 누가 집적회로를 발명했는가를 두고 오랜 기간 법적 분쟁을 벌였다. 정확하게는 잭 킬비가 개발한 게르마늄 집적회로의 특허권을 보유한 텍사스 인스트루먼트와 로버트 노이스가 발명한 실리콘 집적회로의 특허권을 보유한 페어차일드 반도체 사이의 분쟁이었다.

☀ 수의 횡포

벨연구소의 바딘과 브래튼 그리고 쇼클리가 트랜지스터를 개발한 것이 1947년이었지만 이들이 '반도체 연구와 트랜지스터 효과의 발견'으로 1956년 노벨 물리학상을 받을 때까지도 작은 기판 위에 전기회로의 구성요소를 모으고 이를 전기적으로 연결하는 문제는 해결되지 못한 상태였다. 한국인 강대원의 전계효과 트랜지스터도 1959년에 개발되었지만 소자 집적기술이 아닌 개별 소자기술이었다.

트랜지스터 개발 10주년을 기념하여 벨연구소의 부사장이던 잭 몰턴 Jack Andrew Morton, 1913~1971이 잡지에 기고한 글에서 '수의 횡포 the tyranny of numbers'라는 말이 처음 언급된다. 전자 기술자는 모든 정보의 디지털 전송 및 처리를 통해 자신의 감각 및 정신 능력을 크게 확장시키는 방법을 '원리로는' 알고 있지만, 이를 가능하게 하는 시스템은 복잡한 디지털 특성 때문에 수만 개까지 디지털 전자소자를 배열해야 하므로 '실제로는' 구현하지 못한다는 것이다.

한 예로 1943년부터 1946년에 걸쳐 펜실베이니아대학에서 제작한 진공관 컴퓨터 에니악에는 진공관 1만 8,000개와 릴레이 1,500개가 사용되어 무게는 30톤이나 되었고, 소비전력도 150kW나 되었다. 이처럼 많은 수의 전자부품을 연결하다 보니, 부품의 고장과 오작동으로 인한 손실이 계산기 장치가 줄 수 있는 혜택보다 높아졌고 이는 진공관을 트랜지스터로 대체한다고 해서 크게 달라지지 않았다.

💡 집적회로 개발

이 문제에 가장 먼저 답을 제시한 사람은 텍사스 인스트루먼트

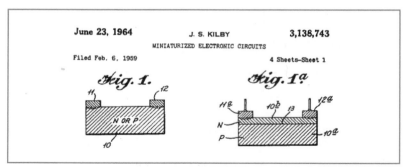

그림 18-1 잭 킬비의 게르마늄 집적회로 특허

의 연구원이었던 잭 킬비였다. 갓 입사한 처지라 여름휴가를 가지 못했던 킬비는 휴가로 텅 빈 연구실에 혼자 남아 모든 소자를 한 종류의 반도체 물질로 구현하는 아이디어를 구상했는데, 1958년 7월이었다. 그 결과 그해 8월에 실제로 게르마늄 기반의 집적회로를 구현하여 특허로 출원하였다[2] 잭 킬비가 실리콘이 아닌 게르마늄을 선택한 이유는 당시로서는 가장 우수한 반도체 재료였기 때문이다.

1958년 여름에 휴가를 갈 수 있었던 페어차일드 반도체의 노이스도 킬비보다 몇 달 늦은 1959년 1월에 실리콘을 이용한 집적회로를 구상했다.[3] 그는 실리콘 기판에 소자를 만든 뒤 그 위에 부도체층인 실리콘산화막을 입히고, 다시 위쪽에 금속배선을 연결하였다. 노이스는 소자의 집적보다는 배선연결에 집중했기 때문에 부도체층 형성과 금속 배선작업이 용이한 재료인 실리콘을 선택했다.

그런데 킬비는 1959년 2월 6일에 특허를 출원해서 1964년 6월 23일에 등록되었고, 노이스는 킬비보다 늦은 1959년 7월 30일에 특허를 출원했지만 등록은 1961년 4월 25일에 완료되어서 킬비보다

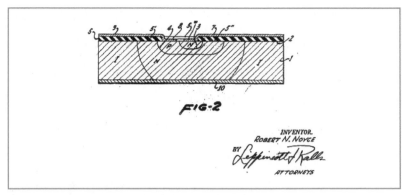

INVENTOR.
ROBERT N. NOYCE

BY

ATTORNEYS

그림 18-2 로버트 노이스의 실리콘 집적회로 특허

빨랐다. 두 특허 모두 집적회로를 다룬 것이고 재료만 다른데, 두 발명이 유사하다면 나중에 출원한 노이스의 특허는 거절되어야 하는 것이고, 둘이 서로 무관한 발명이라도 먼저 출원한 킬비의 특허가 먼저 등록되어야 하지 않았을까?

특허는 신규성과 진보성이 있는 발명에 주어진다. 즉, 종래 기술에 비해서 새로운 발명에 대해서 인정되며, 그 새로움이 그 분야의 평균적인 수준의 기술자가 앞선 기술로부터 용이하게 발명할 수 있는 수준을 넘어서야 하는 것이다. 잭 킬비는 반도체 소자의 집적을 특허 출원하였으며 이는 출원 당시 그 분야의 평균적인 기술자들이 용이하게 발명하지 못하고 있던 문제를 해결한 것이므로 특허를 받을 수 있었다. 다만, 그 구현 가능성을 두고 논란이 있어서 출원 후 5년이 지나서야 등록되었다.

이에 비해 노이스의 특허는 비교적 쟁점이 뚜렷했던 배선연결 문제를 해결한 것이었으므로 신규성과 진보성뿐 아니라 구현 가능성 문제도 없어서 출원일로부터 2년도 되기 전에 특허 등록을 받았다. 그런데 킬비가 발명한 특허의 권리자인 텍사스 인스트루먼트가 노이스의 특허도 킬비의 특허와 실질적으로 동일하다고 주장하면서, 무효심판을 청구하여 법정다툼을 벌이게 된다.

이 과정에서 먼저 발명한 사람에게 특허권을 주는 선발명주의였던 당시의 미국 「특허법」에 따라 킬비와 노이스의 연구 노트를 제시하게 되었다. 그 결과 킬비의 발명 착상시점이 1958년 7월로 1959년 1월인 노이스의 착상시점보다 빨랐다는 사실이 밝혀져 텍사스 인스트루먼트에 속한 킬비의 발명은 출원일 뿐 아니라 발명 착상일도 페어차일드 소속 노이스의 발명보다 먼저였다는 사실이 드러났다.

미국은 특허제도에서 세계표준이 된, 먼저 특허 출원한 사람에게 권리를 인정하는 선출원주의를 취하지 않고 오랫동안 실제 발명일을 따져서 특허를 주는 선발명주의를 취해 왔다. 이는 실질적인 발명자를 보호한다는 취지에는 적합하지만, 발명의 조속한 공개를 유도하고 공개에 대한 반대급부로 독점권을 보장한다는 「특허법」의 이상에 비추어 보면, 발명을 하고도 공개를 가급적 미루려는 태도를 용인하는 문제가 있다. 또한 실질적인 선발명자를 가리는 것이 연구 노트를 통해 증명할 수 있다고 해도 연구 노트 조작 등 이에 따른 법적 분쟁이 끊이지 않았다. 결국 특허제도의 국제적 통일화 흐름에 따라 미국도 2013년 3월 16일부터는 선출원주의를 채택했다.

선발명인 킬비의 특허 출원은 트랜지스터 소자의 집적기술 자체를 특허의 권리범위인 청구항으로 잡았다. 이에 비해, 후발명인 노이스 특허의 청구항은 개별 소자를 실리콘산화막으로 고립isolation 시키고 금속층을 활용한 배선연결interconnection과 이를 전원과 연결하는 접촉부contacts였다. 따라서 당시의 심사기준인 선발명주의에 근거해 볼 때도, 두 발명은 서로 별개의 발명으로 인정되어 모두 등록될 수 있었다.

킬비의 특허는 실험을 게르마늄으로 했음에도 청구항에서 게르마늄 소자가 아니라 반도체 소자 전체를 기재해서 권리범위를 넓게 했기 때문에, 등록된 이후 반도체를 사용하는 모든 집적회로에 그 권리를 행사할 수 있었다. 노이스의 특허도 개별 소자를 배선구조로 일괄 연결해서 실용성이 높았기 때문에 누구라도 집적소자를 생산하려면 채택하지 않을 수 없는 기술이었다. 텍사스 인스트루먼트와 페어차일드 반도체도 치열하게 법정 특허 분쟁을 벌이다가, 결국 1966년에 양사의 특허가 보완관계에 있음을 인정하고 상호 특허 실시권 합의cross-licence에 도달한다.

킬비의 특허는 일본에서도 우여곡절을 겪는다. 일본 기업들의 적극적인 특허 등록 저지 활동인 정보제공이 계속되고 이로 인해 심사가 지연되어서 텍사스 인스트루먼트는 1989년에야 겨우 일본에서 특허권을 획득할 수 있었다. 그런데 이는 보호주의로 악명 높았던 일본 통상산업성Japan Ministry of International Trade and Industry, MITI 의 보이지 않는 견제로 인해 일본과 합작사업을 하려다 곤란을 겪었던 텍사스 인스트루먼트에 큰 이득으로 되돌아왔다.

당시에는 특허권의 유효기간이 특허 등록을 위한 공고일로부터

15년이었으므로, 결과적으로 일본 반도체업계는 30년 전 특허에 대해 2001년까지 특허료를 지급해야 했는데, 이 시기가 일본 반도체의 절정기여서 특허 기술료 수입도 그에 비례해서 많았기 때문이다. 일본 반도체 회사들은 1993년에만 5억 2,000만 달러라는 기술료를 텍사스 인스트루먼트에 지불하였는데, 잭 킬비의 특허가 등록되기 직전인 1980년대 후반에 텍사스 인스트루먼트가 거둬들인 전체 기술실시료 수입이 2억 달러였던 점에 비추어 보면 엄청난 금액이다.

☀️ 기술자의 노벨상 수상

순수과학자보다는 기술자로 자신을 규정했던 킬비와 노이스는 이후에도 논문 발표보다는 특허 출원을 통해 자신들의 연구결과를 권리화하는 데 집중했다. 킬비는 집적회로 말고도 열전사 인쇄기,[4] 휴대용 계산기[5] 등을 발명했다. 노이스도 반도체 집적회로 특허를 계속 출원하였으며, 1968년에는 역시 8인의 반역자 중 한 명인 고든 무어Gordon Earle Moore, 1929~[6]와 함께 인텔을 창업하여 세계 최대 반도체 회사로 성장시켰다.

킬비와 노이스는 과학자보다는 기술자로 알려졌지만 바딘 등이 개발한 트랜지스터로부터 촉발된 극소전자혁명을 실질적으로 이끈 주역이다. 트랜지스터 개발자들이 노벨상을 수상한 것에 비추어 보면, 이들의 연구결과에 노벨상을 수여하는 것을 무리라고 보기도 어렵다. 물론 새로운 고체소자를 발견해 내고 그에 대한 학문적 뒷

받침도 충분히 설명했던 트랜지스터 개발 그룹과 차이를 생각할 수도 있다. 하지만 노벨상위원회는 2009년도에도 중국 출신 공학기술자로 광섬유기술의 실용화를 이루어 낸 찰스 가오Charles Kuen Kao, 1933~2018에게 노벨 물리학상을 안겨 줌으로써 노벨상 수상자 선정에서 기술자 혹은 실용과학자를 차별하지 않음을 보여 주었다.

19

자기장을 이용한 기억장치

자기저항소자의 개발과 2007년 노벨 물리학상 수상자 페르, 그륀베르크

💡 톰슨과 자기저항

> 내가 더 멀리 보았다면 이는 거인들의 어깨 위에 올라서 있었기
> 때문이다.

뉴턴이 인용했던 이 경구는 학문의 진보란 결국 과거로부터 누적된 결과 위에 보태어진다는 것을 강조한 말이다. 지금 멀리 본 사람이 스스로 작은 키의 사람이라고 말할지라도 뒤에 오는 사람에게 그는 거인이 될 수 있다. 전기와 열역학에서 많은 업적을 세워 남작 작위 켈빈1st Baron Kelvin을 받은 영국의 톰슨William Thomson, 1824~1907도 물리학사의 큰 흐름에 우뚝 서 있는 위대한 거인이다. 널리 알려진 것만 해도 절대온도를 나타내는 단위인 켈빈K을 남겼고, 기체의 단열팽창에 관한 줄-톰슨 효과에도 줄James Prescott Joule, 1818~1889

과 함께 이름을 남겼다.

톰슨은 자기성 전기저항magnetoresistance 현상도 발견하였다. 철과 니켈 등 강자성 물질에 자기장을 가하면서 전류를 흘리면 자기장이 없을 때보다 전기저항이 커지는 이 현상은 특히 자기장에 의한 힘(자기력)이 전류의 방향과 수직한 방향일 때 가장 큰 값을 나타냈다. 전자가 북쪽으로 이동하는데 자기장이 동쪽으로 전자를 밀어대니 아무래도 이동하는 데 지장을 받을 수밖에 없는 노릇이라 생긴 현상이다.

톰슨의 발견을 구체화하여 이탈리아의 코르비노Orso Mario Corbino, 1876~1937는 1911년에 동심원 디스크를 만들었다. 전기장이 디스크 안쪽에서 바깥으로 전자를 이동시킬 때 디스크와 직각 방향으로 자기장을 가하면 전자의 이동 방향은 항상 자기장과 직각을 이루게 된다. 디스크를 서로 다른 물로 만들어 주면 물질별로 자기성 전

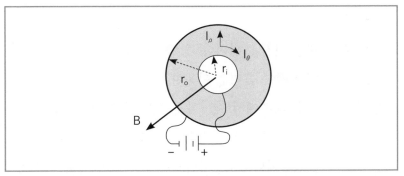

그림 19-1 **코르비노 디스크** 전류는 내부 반지름(r_i) 위치에서 외부 반지름(r_o)을 향해 흐르는 방사 방향 전류(I_ρ) 성분과, 디스크 정면을 향하는 자기장(B)의 자기력에 의한 원주 방향 전류(I_θ) 성분으로 구성되어, 전체 전류의 흐름이 지연된다.

기저항값의 변화를 측정할 수 있다.

실제 자기장으로 증가되는 전기저항값은 그다지 크지 않아서 약 2% 정도지만, IBM은 이 차이를 이용하여 정보를 읽고 쓰는 장치를 만들었다. 컴퓨터용 하드디스크의 자기장 정보를 읽는 자기 헤드 head에 응용한 것이다.

☀ 거대자기저항(giant magnetoresistance)

외부에서 강한 자기장이 가해지면 그 자기장의 방향으로 물질의 자화를 나타내는 전자의 스핀이 정렬된다. 자기장이 사라지면 정렬되었던 전자의 스핀도 원래 상태인 임의 방향 분포로 되돌아가는데, 강자성체ferromagnetic material는 자화 상태를 그대로 유지한다. 영구자석이 될 수 있는 물질로 철과 코발트, 니켈이나 그 합금이 여기에 속한다. 스핀은 물질 내부에서 일어나는 전자의 자전운동으로 표시된다.

그런데 이처럼 전자 스핀이 한 방향으로 정렬되어 자성을 가질 때, 강자성체에 전류를 흘리면 이동하는 전자의 스핀에 따라 전기저항이 달라진다. 외부에서 자기장을 가할 때 전기저항값이 달라지듯이, 강자성체가 자석이 되어 스스로 자기장을 만들어도 그 효과는 같아지는 현상이다. 이 현상을 디지털 효과로 활용하기 위해서는 이동하는 전자가 가장 큰 전기저항값 차이를 느끼도록 전자의 스핀을 정렬하면 된다. 정렬된 전자 스핀을 가지는, 자화된 강자성

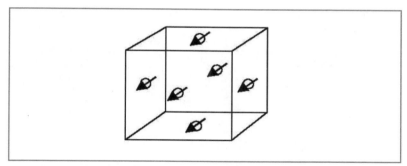

그림 19-2 스핀이 한 방향(예 up spin)으로 정렬된 강자성체

체를 통과하는 전자는 스핀 방향을 미리 골라서 보낸다. 즉, 강자성체 내부의 전자 스핀과 같은 방향을 가지는 전자와 반대 방향을 가지는 전자를 골라서 강자성체를 통과시키면 전기저항의 차이를 확인할 수 있다.

이와 같은 현상은 강자성층ferromagnetic layer, FM과 비자성층non-magnetic layer, NM을 번갈아 얇은 막으로 배열한 구조에서 확인할 수 있다. [그림 19-3]에 나타낸 바와 같이 자성체FM의 스핀이 한 방향으로 정렬되었을 때는 이 방향과 동일한 방향up의 스핀을 가진 전자는 이 자성체를 쉽게 통과하고 반대 방향down의 스핀을 가진 전

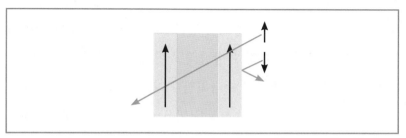

그림 19-3 전자와 자성체의 상대적인 스핀 방향에 따른 효과, 거대자기저항

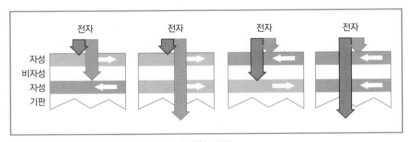

그림 19-4 스핀-의존 산란과 전기저항 변화

자는 전기저항을 크게 느껴서 자성체를 통과하지 못하고 반사된다. 반사까지 되는 이유는 톰슨이 발견한 전기저항값의 차이인 2%보다 훨씬 큰 수십에서 100% 이상을 나타내기 때문이다. 거대자기저항이라는 이름을 얻은 이유다.

프랑스의 알베르 페르Albert Fert, 1938~와 독일의 페테르 그륀베르크Peter Grünberg, 1939~2018는 1988년에 서로 독립적이지만 거의 동시에 자성층과 비자성층을 교대로 적층한 얇은 막을 이용한 '거대자기저항 현상을 발견'하였다. 거대자기저항 현상은 스핀-의존 산란spin dependent scattering으로 설명되기도 한다.

자성층의 전자 스핀과 외부의 전자 스핀을 [그림 19-4]처럼 표시하면, 자성층과 비자성층이 교대로 쌓인 공간을 통과하는 전자는 같은 방향의 스핀을 가진 층에서 전기저항을 적게 받기 때문에 쉽게 통과한다. 이에 반해 반대 방향의 스핀으로 정렬된 층에서는 강한 전기저항을 느껴 통과가 어려워진다. 비자성층에서는 전자의 스핀과 무관하게 통과한다. 이 현상을 이용하여 정보저장과 저장정보확인에 거대자기저항을 응용할 수 있다.

United States Patent [19]
Grünberg

[11] **Patent Number: 4,949,039**
[45] **Date of Patent: Aug. 14, 1990**

[54] **MAGNETIC FIELD SENSOR WITH FERROMAGNETIC THIN LAYERS HAVING MAGNETICALLY ANTIPARALLEL POLARIZED COMPONENTS**

[75] Inventor: **Peter Grünberg**, Jülich, Fed. Rep. of Germany

[73] Assignee: **Kernforschungsanlage Jülich GmbH**, Jülich, Fed. Rep. of Germany

[21] Appl. No.: **365,938**

[22] Filed: **Jun. 14, 1989**

[30] **Foreign Application Priority Data**
Jun. 16, 1988 [DE] Fed. Rep. of Germany 3820475

[51] **Int. Cl.**[5] **G01R 33/06;** G11B 5/39; H01L 43/00

[52] **U.S. Cl.** .... **324/252;** 338/32 H; 360/113

[58] **Field of Search** .... 324/251, 252; 338/32 R; 360/113; 365/158

[56] **References Cited**

U.S. PATENT DOCUMENTS

3,860,965	1/1975	Voegeli	360/113
4,356,523	10/1982	Yeh	360/113
4,686,472	8/1987	Van Ooijen et al.	324/252
4,755,897	7/1988	Howard	360/113
4,809,109	2/1989	Howard et al.	360/113

Primary Examiner—Gerard R. Strecker
Attorney, Agent, or Firm—Herbert Dubno

[57] **ABSTRACT**

A magnetic field sensor comprises a stack of ferromagnetic layers advantageously separated by an intermediate layer of proper material and so arranged that the ferromagnetic layers are with one component in an antiparallel magnetization direction. The sensor is provided with terminals for passing an electric current through the stack and for detecting a voltage drop across the stack. The magnetic resistance change with such a stack is substantially greater than in systems which do not provide an antiparallel magnetization or do not have the intermediate layer.

12 Claims, 2 Drawing Sheets

그림 19-5 그륀베르크의 거대자기저항 이용 센서 특허

그륀베르크는 거대자기저항을 이용한 박막센서를 독일과 미국에 특허[1] 출원을 했지만, 그륀베르크나 페르의 연구는 실용화단계에 도달하지는 못했다. 양산하기에는 지나치게 높은 값의 자기장을 필요로 했고 온도 조건도 절대영도에 가까운 영하 267℃를 요구했기 때문이다.

거대자기저항을 컴퓨터 하드디스크의 읽기 및 쓰기 헤드로 실용화하는 데는 IBM에서 연구한 파킨Stuart Stephen Papworth Parkin, 1955~의 공로가 컸다. 파킨은 거대자기저항효과를 응용하여 강자성체 박막 사이에 비자성체 박막을 넣은 스핀밸브 구조spin valve structure를 만들어서 하드디스크의 헤드로 사용할 수 있도록 하였다. 파킨이 특허[2]로 출원한 스핀밸브 구조를 자세히 설명하면 [그림 19-6]과

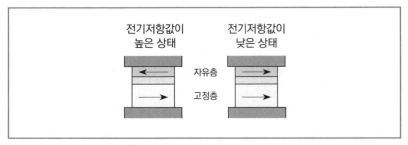

그림 19-6 **파킨이 제안한 스핀밸브**

같다. 앞에서 이미 살펴본 스핀-의존 산란 현상의 응용이다.

스핀밸브는 비자성층 양쪽에 형성된 고정층fixed layer과 자유층 free layer 두 개의 강자성체층으로 만들어진다. 이 중 고정층 자성체의 스핀은 한 방향으로 고정되어 있고 반대편인 자유층 강자성체의 스핀 방향은 외부 조건에 따라 변화될 수 있다. 두 강자성체층의 스핀 방향이 일치하고 이 적층구조를 통과하려는 전자가 이들과 같은 방향을 가지면 전기저항값은 낮아지고, 두 강자성체층의 스핀 방향이 서로 반대 방향이면 전기저항은 높아진다.

이처럼 자유층의 스핀 방향 정렬에 따라 마치 밸브를 열고 닫는 것처럼 전기저항값이 변하는 구조이므로 스핀밸브라는 이름을 붙였다. 스핀밸브 구조인 센서를 하드디스크의 헤드로 이용하게 되면, 좁은 영역에서 자기장의 변화를 측정할 수가 있어서 하드디스크의 저장용량을 높게 할 수 있다. 페르와 그륀베르크는 2007년 노벨 물리학상을 공동 수상하였지만, 아쉽게도 이를 실용화한 파킨은 수상 대열에 합류하지 못했다.

☀ 자기저항기억소자

거대자기저항은 반도체 소자인 비휘발성 기억소자non volatile memory 기술에도 응용되어 자기저항기억소자magnetoresistive random access memory, MRAM의 개발로 이어졌다. 자기저항기억소자는 서로 다른 자기저항값으로 구별되는 전류값에 데이터 0과 1을 대응시키는 방식이다.

자기저항 메모리는 두 개의 자성박막 전극강자성체 전극과 그 사이에 한 개의 절연막터널장벽을 끼워 넣은 구조인 자기터널접합magnetic tunnel junction소자를 MOSmetal oxide semiconductor 구조에 넣어 배열한

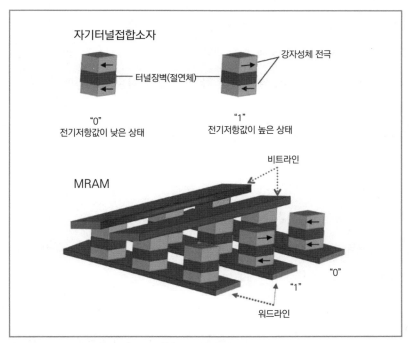

그림 19-7 자기터널접합소자(위)와 MRAM(아래)

다. 터널접합은 터널링을 이용한 것으로, 터널링이란 막힌 벽을 통과하는 터널처럼 저항장벽이 높아서 전자가 통과할 수 없는 상태의 연결조건에서 일부 전자가 저항의 벽을 뚫고 지나가는 양자역학적인 현상이다.

절연막을 통과하는 소수의 전자는 거대자기저항값의 변화를 만나면 전류가 통하거나 아예 차단되므로 이 두 상태를 1과 0으로 구별할 수 있다. 이 성질을 이용하면 자기터널접합소자는 메모리 반도체의 커패시터의 전하가 충전된 상태(1)와 방전된 상태(0)처럼 정보저장 기능을 할 수 있다. 따라서 별도로 커패시터를 만들지 않고도 터널접합소자를 포함하고 있는 트랜지스터로 기억단위를 만들어 낸다. 스핀밸브에서처럼 자기터널접합의 자성박막 전극 사이에 전압을 인가하면, 절연체를 통과하는 전자가 느끼는 저항의 크기는 자성박막 전극 사이의 상대적인 자화 방향에 따라 바뀐다. 즉, 두 자성박막 전극의 자화 방향이 나란하면 저항을 작게 느끼고, 자화 방향이 서로 반대면 큰 저항을 경험하게 된다.

☀ 스핀전달힘 응용(STT MRAM)

그런데 거대자기저항이 형성된 자성박막은 통과하는 전자의 스핀 방향을 자성박막의 스핀 방향과 동일한 방향으로 정렬시킨다. 이 현상을 스핀여과spin filtering라고 한다. 반대로 특정한 방향으로 정렬된 전자의 흐름에 의한 전류인 스핀전류도 자성박막의 자화 스

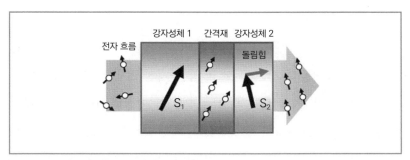

강자성체 1　간격재　강자성체 2

전자 흐름

돌림힘

S_1

S_2

그림 19-8 스핀여과와 스핀전달토크 개념도

핀 방향을 변화시킬 수 있다. 어느 경우든 스핀 방향의 변화는 회전이기 때문에 회전을 일으키는 이 힘은 돌림힘torque이라고 부른다. 이와 같이 스핀 정렬된 전자가 다른 전자에 돌림힘을 가하는 현상 또는 그 돌림힘을 스핀전달토크spin transfer torque, STT라고 한다.

　[그림 19-8]은 한 방향으로 스핀이 정렬된 자성체 1ferro 1에 의해 1차 스핀여과 된 전도전자가 다른 방향으로 스핀이 정렬된 자성체 2ferro 2를 통해 한 번 더 여과되는 과정을 나타낸다. 두 번째 스핀여과과정에서 전도전자는 자성체 2의 정렬된 스핀 방향으로 스핀이 정렬되지만, 작용-반작용 법칙에 의해 자성체 2의 스핀도 전도전자의 스핀에 의한 전자돌림힘STT을 받아 변하게 된다. 자성체 2를 통과하기 전에 전도전자도 스핀이 정렬되어 있는 상태이기 때문이다.

　스핀전달토크는 자성체의 스핀 방향이 외부 자기장이 아니라 자성체를 통과해 흐르는 전류와 직접 상호작용하여 서로 바뀌는 현상이다. 그러므로 스핀여과 된 전도전자를 흘려주는 전류의 흐름만으로 자성체의 자화 방향을 바꿀 수 있다. 전류를 형성하는 전자는 스핀여과로 정렬하고, 이렇게 스핀여과 되어 정렬된 스핀 방향을 가지는 전자는 다시 다른 자성체의 스핀 방향을 바꾼다. 이렇게 스핀 방향 변경을 이용해 정보를 쓰고 읽는 저장장치를 '스핀전달토크를 이용한 자기저항기억소자STT-MRAM'라고 한다. 이 장치는 개별 소자의 크기가 작아지면 자성체의 스핀 방향을 바꾸기 위한 전류의 크기도 작아지므로, 소자의 고집적화가 가능한 장점을 가진다.

톰슨이 발견한 자기저항은 나노 구조를 통해 거대자기저항이론으로 발전했고, 거대자기저항 구조는 전류 센서로 제작되어 정보를 읽는가 하면, 반도체 공정을 통해 자기터널접합구조로 형성되어 그 자체가 정보를 기억하기도 한다. 과학과 기술의 상호작용이 낳은 발전과정이다.

전기가 통하는 플라스틱

전도성 플라스틱의 개발과 2000년 노벨 화학상 수상자 앨런 히그

☀ 칼슘 카바이드와 아세틸렌 기체

요즘이야 포장마차에도 자동차용 배터리나 인근에서 끌어온 전기로 환하게 불을 밝히지만 카바이드carbide 불을 사용하던 시절이 있었다. 독특한 냄새를 내면서 타는 카바이드 불은 연탄 불 위에서 익어 가던 먹장어곰장어와 함께 1970년대 포장마차의 상징이었다. 탄소와 금속 원소의 화합물을 뜻하는 카바이드에서 가장 흔한 금속 원소는 칼슘이었다. 화학명칭으로는 탄화칼슘CaC₂이 된다. 탄화칼슘은 물H₂O과 반응하여 수산화칼슘Ca(OH)₂과 아세틸렌C₂H₂[1] 기체를 생성한다.

$$CaC_2 + 2H_2O \rightarrow Ca(OH)_2 + C_2H_2$$

여기서 나온 아세틸렌 기체는 산소와 연소반응을 일으켜 이산화

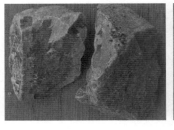

그림 20-1 칼슘 카바이드 덩어리와 카바이드 등불

탄소와 물을 생성하면서 밝은 빛을 낸다.

$$2C_2H_2 + 5O_2 \rightarrow 4CO_2 + 2H_2O$$

탄화칼슘 1몰의 질량은 64g으로 가볍지만 물 2몰과 결합하여 생산하는 아세틸렌 1몰의 부피는 22.4리터나 되므로, 한 덩어리면 포장마차를 밤새 밝힐 수 있었다. 서양에서는 한때 카바이드 불을 전력 공급이 쉽지 않았던 등대와 부표, 광부들의 조명용 등에 사용했던 것은 물론이고 도로 신호등으로도 썼다.

그런데 초기 등대나 부표에 사용되던 아세틸렌 가스등은 밝기는 했으나 다른 불빛과 구별하기 어려웠고, 아세틸렌 기체의 소모도 빨라서 수시로 보충해야 했다. 이 두 가지 문제를 해결한 사람이 스웨덴의 달렌Nils Gustaf Dalen, 1869~1937이었다. 기체밸브를 효율적으로 조절한 새로운 점멸방식 등을 개발한 데 이어, 해가 비추면 파이프가 차단되고 햇빛이 사라지면 파이프가 열리도록 하는 파이프 여닫이 장치도 개발하였다.

역대 노벨 물리학상 가장 어색하다는 평가를 받기도 하지만, 이 공로로 달렌은 1912년 노벨 물리학상을 수상한다. 수상 이유는 '등대 및 부표용 가스 축적기에 쓰이는 자동 조절기 발명'에 대한 공로였다. 노벨의 조국 스웨덴이 배출한 첫 번째 물리학상 수상자는 아무리 생각해 봐도 어색하다.

💡 플라스틱과 중합체

아세틸렌은 탄소원자 2개에 수소원자 2개가 결합된 상태라서, [그림 20-2]와 같이 탄소와 탄소 사이는 3중결합[2]을 하게 된다. 원자의 공유결합[3]에 사용되는 전자의 수는 최외각 전자의 수와 같으므로, 1족 원소인 수소의 공유결합 전자는 1개며 14족 원소인 탄소는 4개가 된다. 공유결합 전자는 화합물의 입체적 구조를 선으로 표시한 구조식에서 각 원자의 결합선으로 표시되는데, 결합선이 하나인 수소는 탄소의 결합선 하나와 서로 연결된다. 탄소는 4개의 결합선 중 하나씩을 각각 수소의 결합선과 연결하고, 남는 3개의 결합선으로 서로 3중결합을 한다. 결합선을 결합팔이라고도 한다.

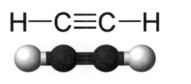

그림 20-2 아세틸렌의 구조식과 모형

그런데 이처럼 3중결합이나 이중결합을 한 다중결합 분자는 다중결합의 전부 또는 일부를 단일결합으로 바꾸면서 이웃하는 분자와 연결될 수 있다. 개별적으로 있는 각각의 분자를 단량체 또는 단위체라고 하는데, 간단한 단위체들이 서로 결합하여 거대한 고분자를 만드는 반응을 중합[4]이라고 하며 중합반응을 통해 결합된 결과물은 중합체라고 한다.

중합체polymer는 고분자macromolecule의 한 종류며, 고분자란 일반적으로 분자량이 1만 이상인 큰 분자를 지칭할 때 쓰인다. 대부분의 고분자는 중합체여서 고분자와 중합체를 같은 뜻으로 사용하는 경우도 있다. 천연 상태의 고분자로는 고무, 녹말, 셀룰로스 또는 단백질 등을 들 수 있다. 1920년에 슈타우딩거Hermann Staudinger, 1881~1965는 고분자에서 단위체의 분자구조가 공유결합에 의해 마치 종이클립처럼 머리와 꼬리가 서로 계속 연결되는 긴 사슬구조를 이룬다고 발표하였다. 슈타우딩거의 이론을 따라 중합반응을 통한 고분자 합성이 가능해지면서 플라스틱의 제조가 가능했고, 슈타우딩거는 '거대분자 연구'에 대한 선구적 업적이 인정되어 1953년에 노벨 화학상을 수상했다.

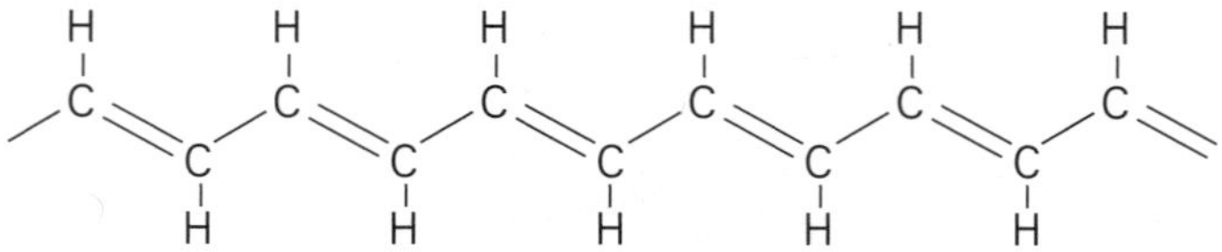

그림 20-3 아세틸렌 중합체

고분자의 구조가 밝혀지자 중합반응을 이용한 합성 연구가 이어졌다. 단위체로는 탄소가 이중결합을 하는 에틸렌C_2H_5에 대한 연구가 활발하였다. 에틸렌 중합체인 폴리에틸렌polyethylene은 열가소성 플라스틱으로 가볍고 유연하여 가장 많이 쓰이는 플라스틱이기 때문이다. 그러나 중합반응을 위해서는 고온과 고압 조건이 필요하여 생산에 어려움이 따랐다. 에틸렌에서 두 개의 결합팔을 가진 탄소는 중합반응을 하게 되면, 이중결합에 사용하던 결합팔 하나를 다음 에틸렌의 탄소와 맞잡는 데 사용하여 모두 결합팔 하나씩을 가지는 단일결합 상태가 된다.

카를 치글러Karl Ziegler, 1898~1973는 유기알루미늄 화합물 촉매를 이용하여 상온과 상압 조건에서도 에틸렌을 폴리에틸렌으로 중합하는 데 성공하였다. 알루미늄 화합물에 다른 금속 화합물을 조합한 합성촉매는 치글러 촉매라는 이름으로 불렸으며, 다양한 종류의 치글러 촉매가 중합반응을 제어해서 원하는 길이의 중합체를 얻는 데 사용되었다. 줄리오 나타Giulio Natta, 1903~1979는 특정 형태의 치

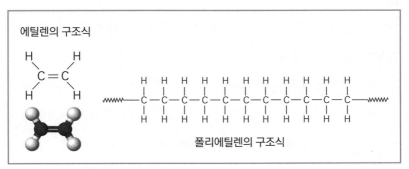

그림 20-4 에틸렌의 구조식과 모형, 폴리에틸렌의 구조식

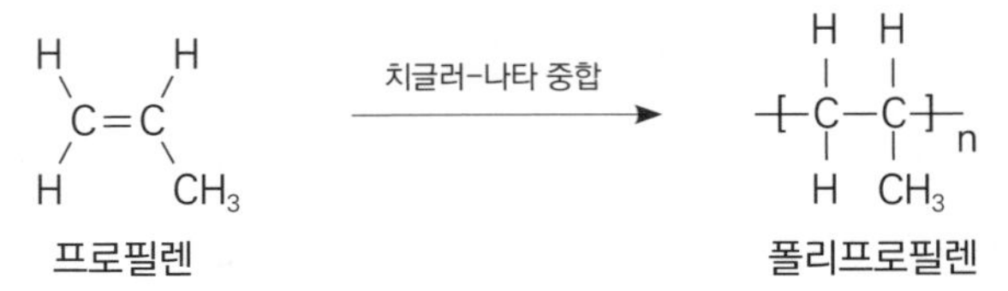

화학 구조식: 프로필렌 (C=C, H, H, H, CH₃) → (치글러-나타 중합) → 폴리프로필렌

그림 20-5 치글러-나타 촉매를 이용한 폴리프로필렌 중합

글러 촉매를 사용하면 입체규칙성을 갖는 중합체를 만든다는 사실을 발견하였다. 입체규칙성을 갖는 고분자는 공간적으로 균일한 구조를 갖는다. 치글러가 개발하고 나타가 발전시킨 촉매는 치글러-나타 촉매Zeigler-Natta catalyst라고 하며 치글러-나타 촉매로 프로필렌[6]을 폴리프로필렌polypropylene으로 중합시킬 수 있다. 폴리프로필렌은 160℃의 고온에서도 변형되지 않고 물을 흡수하지 않아 다양한 용도의 플라스틱으로 사용된다.

줄리오 나타는 1955년에 이탈리아 몬테카티니Montecatini를 통해 특허를 출원하여 '아이소택틱isotactic 폴리프로필렌'에 대한 권리를 획득하였다. 몬테카티니는 메라클론Meraklon이라는 상표도 등록하여, 물을 흡수하지 않고 땀의 배출이 잘 되며, 단열기능이 뛰어나면서도 가볍고 튼튼한 섬유의 원단을 표시하는 이름으로 알려져 있다. 폴리프로필렌은 환경호르몬이 가장 적게 나오는 플라스틱이기도 한데, 치글러와 나타는 '고분자 화학과 기술 분야 연구'에 대한 공로로 1963년 노벨 화학상을 수상하였다.

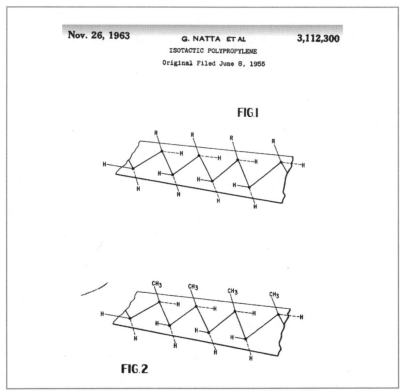

그림 20-6 나타가 발명자인 '아이소택틱 폴리프로필렌' 특허

☀ 전도성 고분자

탄소원자 사이에 이중결합을 하는 에틸렌C_2H_4으로 폴리에틸렌 플라스틱을 합성하고, 역시 탄소 이중결합체인 프로필렌으로 폴리프로필렌을 합성하였으니, 탄소원자 사이에 3중결합을 하는 아세틸렌C_2H_2을 중합하여 폴리아세틸렌 플라스틱을 만들 차례다. 탄소원자 사이에 이중결합을 하는 에틸렌을 중합하여 폴리에틸렌을 만

들면 탄소 사이의 결합이 모두 단일결합그림 20-4으로 되지만, 탄소 원자끼리 3중결합을 하는 아세틸렌은 폴리아세틸렌으로 중합되어도 이중결합과 단일결합이 번갈아그림 20-3 나타난다.

폴리에틸렌이나 폴리프로필렌에 비해 플라스틱 소재로서 특별한 장점이 보이지 않던 폴리아세틸렌의 효용은 플라스틱의 특징과는 모순되는 것처럼 보이는 전기전도성이었다. 그 발견은 일본 도쿄공업대학의 이케다 교수 연구실에 파견되어 연구하던 한국인 변형직1926~2018, 전 원자력연구소 연구부장이 1967년 치글러-나타 촉매를 평소보다 1천 배 많이 넣어 금속과 같이 광택을 갖는 필름 형상의 플라스틱을 얻은 것에서 시작되었다. 이때 얻은 폴리아세틸렌 필름의 겉모습은 금속과 같았지만 전기전도성은 없었다. 변형직은 이케다 교수의 조수였던 시라카와Hideki Shirakawa, 1936~에게 실험자료를 넘기고 귀국했다.[7]

미국 펜실베이니아대학 화학과의 앨런 맥더미드Alan Graham MacDiarmid, 1927~2007는 같은 대학 물리학과의 앨런 히거Alan Jay Heeger, 1936~와 함께 전기전도성이 있는 비금속인 질화황 중합체(SN)x에 대해 연구하고 있었다. 처음 앨런 히거가 찾아와서 얘기한 질화황SN을 맥더미드가 주석Sn으로 잘못 들었다는 이야기는 유명하다. 비금속전도체란 그만큼 상상하기 어려웠기 때문이다. 맥더미드가 도쿄공업대학을 방문하여 질화황 중합체를 설명하다가 시라카와를 만나 그를 펜실베이니아대로 초청한 때는 1976년이었다.

펜실베이니아대학에서 이 세 사람은 질화황 대신 폴리아세틸렌

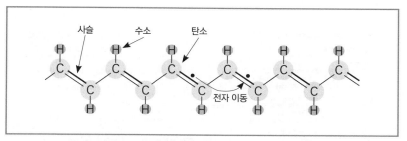

사슬　　　수소　　　탄소

전자 이동

그림 20-7 폴리아세틸렌 산화물의 전자 이동

으로 비금속 전도성 물질을 연구하였다. 부도체에 가깝던 순수한 실리콘에 불순물을 주입doping하면 전도성을 나타내듯이, 폴리아세틸렌에서도 같은 효과가 나타날 수 있는지가 문제였다. 그러다가 17족 원소인 아이오딘iodine, I으로 폴리아세틸렌 필름을 산화시키면 필름에 전도성이 생기는 것을 발견하였다. 어떤 물질이 산소를 얻는 현상을 산화라고 하지만, 수소나 전자를 잃는 현상도 화학적으로는 산화현상이다.

아이오딘이 폴리아세틸렌과 반응하면 폴리아세틸렌은 산화되어 탄소원자 간의 이중결합 구조에서 전자를 잃어 빈 곳이 생긴다. 전자가 빈 곳은 반도체의 정공hole처럼 양전하의 역할을 하면서 전자의 이동과 맞물려 움직이면서 전기전도성을 가지게 된다. 마침내 1976년 전기가 통하는 플라스틱이 처음 만들어졌다.

전도성 플라스틱을 함께 만들어 낸 맥더미드와 앨런 히거, 시라카와는 정공으로 도핑된 폴리아세틸렌 필름 특허를 공동으로 출원했다. 상온에서 전기전도성을 가지는 이 새로운 전도성 플라스틱에 도핑 가능한 분자는 브롬Br₂, 아이오딘I₂, 브롬화 아이오딘IBr, 5불화

United States Patent [19] [11] **4,222,903**

Heeger et al. [45] **Sep. 16, 1980**

[54] **P-TYPE ELECTRICALLY CONDUCTING DOPED POLYACETYLENE FILM AND METHOD OF PREPARING SAME**

[75] Inventors: **Alan J. Heeger**, Wynnewood; **Alan G. MacDiarmid**, Drexel Hill; **Chwan K. Chiang**, Upper Darby, all of Pa.; **Hideki Shirakawa**, Yokohama, Japan

[73] Assignee: **University Patents, Inc.**, Norwalk, Conn.

[21] Appl. No.: **902,667**

[22] Filed: **May 4, 1978**

[51] **Int. Cl.**[2] **H01B 1/06**
[52] **U.S. Cl.** **252/518**; 252/500
[58] **Field of Search** 252/500, 518; 357/8

[56] **References Cited**

PUBLICATIONS

Ito et al., Journal of Polymer Science, Part A–1, Polymer Chemistry Edition, vol. 13, pp. 1943–1950 (1975).
Abstracts of Papers American Chemical Society 175th ACS Meeting, Mar. 13–17, 1978, Abstract 121.
Bulletin of the American Physical Society, vol. 23, No. 3, Mar. 1978, p. 304.
Shirakawa et al., J. C. S. Chem. Comm., pp. 578–580 (Sep. 1977).
Chiang et al., Physical Review Letters, vol. 39, No. 17, pp. 1098–1101 (Oct. 1977).
Berets, et al., Trans. Faraday Soc., vol. 64, pp. 823–828 (1968).
Shirakawa et al., Polymer Journal, vol. 2, No. 2, pp. 231–244 (1971).
Shirakawa et al., Polymer Journal, vol. 4 No. 4, pp. 460–462 (1973).
Ito et al., Journal of Polymer Science, Part A–1, Polymer Chemistry Edition, vol. 12, pp. 11–20 (1974).

Primary Examiner—Benjamin R. Padgett
Assistant Examiner—J. L. Barr
Attorney, Agent, or Firm—Jerome M. Teplitz; A. Sidney Alpert; David N. Koffsky

[57] **ABSTRACT**

Electrically conducting organic polymeric material having a preselected room temperature p-type electrical conductivity which may vary over the entire range characteristic of semiconductor behavior and into the range characteristic of metallic behavior, is prepared by controlled chemical doping of polyacetylene in the form of a polycrystalline film. Exceptionally high room temperature p-type electrical conductivity within the range of from about 0.1 to of the order of 10^3 ohm^{-1} cm^{-1} is achieved with several electron acceptor dopants, including bromine, iodine, iodine chloride, iodine bromide and arsenic pentafluoride.

13 Claims, No Drawings

그림 20-8 앨런 히거 등이 출원한 전도성 플라스틱 특허

비소AsF_5 등이 제시되었다. 이렇게 만든 전도성 플라스틱의 전기전도성은 0.1~10^3ohm^{-1}cm^{-1}으로 반도체와 비슷한 값을 나타냈다. 이 세 사람은 2000년에 '전도성 고분자의 발견과 개발'에 대한 공로로 노벨 화학상도 공동 수상했다.

부도체의 상징이었던 플라스틱이 전도성을 가질 수 있다는 발견은 새로운 산업을 이끌어 내는 동력이 되었다. 대전방지필름, 전자기파 차폐 및 정전기방지용 코팅제, 투명전도막 등 단순한 응용 제품에서 시작하여, 유기태양전지, 유기반도체, 유기발광다이오드organic light-emitting diode, OLED까지 넓고 다양한 분야로 확산되고 있다. 변형직도 그 시작에 기여했다.

인공지능은 발명자가 될 수 있을까?

트랜지스터와 집적회로의 발전은 컴퓨터 성능을 향상시켜 바둑으로 인간 챔피언을 이기고, 크리스티 경매에서 60만 달러에 팔리는 작품을 출품하는 인공지능을 구현하기에 이르렀다. 인공지능이 발명도 할 수 있을까? 발명은 고도한 기술을 창작하는 행위인데, 문제를 인식하고 해결책을 고민하는 착상단계를 인간의 지시 없이 시작하기는 어렵다고 본다. 그런데 기본설계가 있고 환경변화에 따라 제품개선을 계속해 가는 문제라면 어떨까?

스티븐 탈러(Stephen L. Thaler)는 자신이 개발한 인공지능 시스템 '다부스(DABUS)'가 특수용도의 식품용기를 사람의 관여 없이 발명했다고 주장하면서, 자신을 출원인으로 기재하고 인공지능을 발명자로 기재한 특허를 유럽, 미국, 남아프리카공화국, 호주 등에 출원했다. 발명자로 주장된 '통합된 감각의 자율적인 부트스트랩을 위한 장치(Device for the Autonomous Bootstrapping of Unified Sentience, DABUS)는 탈러의 특허(미국 등록특허 7,454,388, Device for the Autonomous Bootstrapping of Useful Information) 기반 제품이다.

인공지능 시스템 개발사 '이매지네이션 엔진'의 창업자이기도 한 탈러는 발명 '복잡한 프랙털 구조를 가지는 용기 설계'가 전적으로 인공지능의 작업결과라고 한다. 그러므로 발명 행위에 관여하지 않은 자신의 이름을 발명자로 기재하는 것은 거짓말이 된다면서 발명자는 인공지능 다부스라는 입장이다. 그렇지만 이런 일이 생기기 전에 만들어진 각국 「특허법」은 자연인인 사람을 전제로 발명자라는 용어를 사용한다. 사람에 준하는 법적권리를 가지는 법인도 발명자가 될 수 없다. 발명자라는 명예와 특허권 수익에 대한 보상은 사람을 대상으로 정한 기준이기 때문이다.

이런 상황이니 법적권리가 없는 인공지능에 발명자 지위를 인정할 수는 없는 노릇이라며, 미국과 유럽 특허청에서는 특허를 거절했다. 거절 이유가 발명 자체의 문제일 수 있다는 논란을 피하기 위해서라고 짐작되는데, 탈러는 발명자 기재와 무관하게 발명 자체의 특허성에 대한 조사보고서를 받아볼 수 있는 유럽 특허청에서 절차를 시작했다. 유럽 특허청에서는 특허 가능한 발명이라는 판단을 내렸다. 실제 심사에서는 형식요건을 먼저 판단하므로, 미국과 유럽 특허청의 거절 이유는 발명자 기재 요건 미비였다.

그런데 발명자에 대한 언급 없이 발명 자체의 요건만 규정해 놓은 나라도 있다. 2021년 7월 28일 남아프리카공화국 특허청은 세계 최초로 인공지능이 발명자로 기재된 특허를 인정했고, 이틀 뒤인 7월 30일 호주 법원은 법이 금지하지 않은 발명자 규정으로 특허청이 거절한 것은 잘못이라고 판결했다. 발명자가 인공지능이라도 특허권자가 사람이므로 권리행사에 문제는 없다는 논리에 근거했다.

탈러가 자신을 발명자로 기재했다면 등록받았을 수 있는 특허 절차를 이처럼 떠들썩하게 만든 이유는 자신의 회사와 대표 제품인 다부스를 홍보하려는 전략이라고 보는 시각도 있다. 누군가 다부스를 구매해서 발명을 한다면 발명자인 다부스는 특허 수익에 대한 보상을 청구할 수 있는데, 이 권리를 탈러가 주장한다면 어떻게 될 것인가의 문제도 있다. 다부스의 판매가격에 이 가능성의 가치를 포함하거나, 추후 발명을 하고 수익이 발생한다면 그때 정산하는 계약을 하자는 주장도 나올 수 있을 것이다.

V

'색 감각의 근원인 빛'*을 다루다

* 뉴턴의 스펙트럼 실험(1671)

나르키소스가 연못에 비친 자신을 본 뒤 인류는 집안에서도 자기 모습을 볼 수 있는 거울을 만들었지만, 거울은 현재 모습을 보여 줄 뿐 가장 화려한 순간의 나를 보여 주지는 않는다. 게다가 지금 보이는 아름다운 모습도 나만 볼 수 있다. 순간을 간직하고 싶은 욕망은 초상화로 실현 가능하지만 왕실과 귀족계층의 전유물이었다. 19세기 중반 산업혁명의 과실을 수확한 중산층이 집에다 흑백초상화나마 들여놓을 수 있었던 것은 사진의 아버지로 불리는 프랑스의 디게르가 흑백사진기 제작에 성공한 덕분이었다.

화가가 그린 초상화처럼 색을 가진 사진은 디게르 이후 반세기가 지난 19세기 말에 역시 프랑스의 리프만이 개발했으나 종이에 인화할 수는 없었고, 빛을 비추어 보는 영상 판이었다. 그래도 컬러사진에 대한 인류의 염원을 반영해서였는지 노벨상은 리프만에게 물리학상 수상자의 영예를 안겼다. 마침내 컬러로 인화해서 벽에 걸 수 있는 색채사진은 영화의 발명자이기도 한 뤼미에르 형제가 만들었으니, 사진의 역사에는 곳곳에서 프랑스인의 이름을 찾을 수 있다.

촬영 대상으로 평면을 선택하지 않는 한, 사진은 3차원으로 존재하는 물체를 2차원 인화지에 투사하는 형태가 된다. 물체의 형상을 그대로 기록하는 3차원 영상을 만들기 위한 노력은 입체영상기술인 홀로그래피 개발로 이어졌다. 영국 BTH사에서 홀로그래피를 개발한 헝가리 출신 데니스 가보르는 임페리얼칼리지로 옮겨 간 뒤 노벨 물리학상을 수상했는데, 이는 바딘이 벨연구소에서 트랜지스터를 개발하고 일리노이대학 교수로 간 뒤 노벨 물리학상을 받은 궤적과 유사하다. 이들의 노벨상 수상 업적은 실용적 연구를 추구했던 기업연구실에서 완성되었고, 대학에서는 그 성과를 중심으로 연구를 이어 나갔다.

사진 대중화의 기폭제는 1889년 보급된 코닥 카메라였다. 카메라보다는 소모품인 필름의 수익성에 주목했던 코닥은 필름회사로 발전해 갔으며, 카메라 제조업체도 사진산업에서 성장했지만 실제 시장에 미치는 영향력은 필름과 인화지를 제조하는 회사가 더 컸다. 개인용 컴퓨터 시대에 컴퓨터 제조업체인 IBM보다 소프트웨어 업체인 마이크로소프트가 훨씬 더 성장한 모습과 닮았다. 카메라와 필름이 상용화된 20세기에 사진이란, 필름을 카메라에 넣고 촬영한 뒤 암실에서 필름을 현상해서 인화지에 인화한 결과물이었다. 증명용 사진을 제출해야한다는 말은 종이에 인화된 사진을 직접 또는 우편으로 보내라는 얘기였던 시대에 코닥필름과 코닥 인화지는 최고의 제품이었다.

코닥의 새슨과 베이어는 각각 최초의 디지털 카메라와 디지털 색채 필터를개발해 특허까지 취득했지만, 필름이 주력이었던 코닥은 디지털 기술에 상대적으로 무관심해서 디지털 전환의 기회를 놓쳤다. 디지털 카메라는 촬상소자의 개발로 가능해졌으며, 촬상소자는 영상센서와 결합한 전하축적소자의 개발로 현실화되었다. 대표적인 전하축적소자인 CCD를 개발한 벨연구소의 보일과 스미스도 노벨 물리학상을 수상해서, 민간기업인 벨연구소가 노벨상의 산실임을 한번 더 보여 주었다. 코닥의 아성을 무너뜨린 디지털 카메라도 소형화된 촬상소자로 무장한 스마트폰에 자리를 넘겨주고 있다.

데니스 가보르의 홀로그래피 기술은 강하고 고르게 만들어 낸 인공 빛인 레이저가 개발됨으로써 실용화의 길로 접어들었다. 레이저라고 이름 붙인 굴드는특허를 받기 위해 미국 특허청과 30년에 걸쳐 소송전을 벌여 끝내 특허 등록을받은 것으로도 유명하다. 이는 17세기 유럽에서 벌어졌던 종교전쟁인 30년전쟁에 빗대어 20세기 미국 특허사의 30년전쟁이라고도 불린다. 굴드의 특허도 오랜 기간 지나서 등록되는 덕분에 규모가 커진 레이저산업으로부터 큰 금액의 특허 실시료를 받는 행운을 누렸다. 특허 존속기간을 등록일부터 계산하던 시기라서 가능했던 일이다.

레이저처럼 인공으로 만든 빛인 LED의 실용화를 가능하게 한, 청색 LED 개발로 2014년 노벨 물리학상을 수상한 나카무라 슈지는 일본을 포함한 동아시아의 기술자 무시, 교육제도에 대한 거침없는 독설로도 유명하다. 노벨상을 수상하기 전인 2005년에 일본의 직무발명 특허에 대한 보상정책을 비판하면서 '기술자들이여, 일본을 떠나라'라는 말을 남겼다.

나카무라 슈지도 일본의 작은 기업이었던 니치아에서 청색 LED를 개발하고 미국의 대학으로 옮긴 뒤 노벨상을 수상해서 가보르와 바딘이 걸었던 경로를 따라갔다. 노벨상은 연구자의 분야가 기초과학인지 실용과학인지 구분하지 않는다.

21

그림을 대신한 평면사진,
조각상을 대신한 입체사진

홀로그래피의 개발과 1971년 노벨 물리학상 수상자 가보르

☀ 영상의 고정

어두운 방에 뚫린 작은 구멍을 통해 들어온 빛이 바깥 풍경을 맞은편 벽에 맺히게 하는 현상은 오래전부터 알려져 있었다.[1] 방 바깥에서 어두운 쪽으로 들어오는 빛을 통해 맺힌 상은 거꾸로 형성된다. 작은 구멍에서 빛은 초점을 이루며 모였다가 직진해서 퍼지므로, 실제 모습과 벽에 맺힌 상은 구멍을 기준으로 대칭을 이루기 때문이다. 라틴어로 '어두운 방'이라는 뜻인 카메라오브스쿠라camera obscura의 원리다.

아랍 과학자 이븐 알 하이삼Ibn al-Haytham, 965~1040이 저서 《광학의 서 De Aspectibus》에서 카메라오브스쿠라에 대해 설명하였고, 영국의 로저 베이컨Roger Bacon, 1219?~1292도 카메라오브스쿠라로 일식을 관찰했다는 기록이 있다. 레오나르도 다빈치Leonardo di ser Piero

그림 21-1 방의 좁은 구멍을 통해 맞은편 벽에 맺힌 외부 풍경

da Vinci, 1452~1519는 원근감을 살린 사실적인 묘사의 그림을 위해 카메라오브스쿠라를 회화 작업에 응용하였다. 이 방법대로 하면 아마추어라도 벽에 종이를 대고 따라 그릴 수 있으니 천천히 진행하는 사진인화 작업인 셈이다.

외부 풍경을 거꾸로 맺히게 하는 어두운 방은 점점 작아졌으며 마침내 이동 가능한 크기로 줄어들었다. 크기가 작아지면서 영상이 맺힌 벽면에 도화지를 놓고 그리는 대신 감광판을 설치하면 빛의 밝기 차이를 얻는 흑백사진기로 발전한다. 1839년에 대중적으로 널리 사용된 최초의 사진술로 인정받는 다게레오타입Daguerreotype 사진기를 발명한 다게르Louis-Jacques-Mandé Daguerre, 1787~1851도 원래 '카메라오브스쿠라'를 사용하던 화가였다. 색은 눈에 들어온 빛의 자극으로 대뇌피질의 시각중추에 생기는 감각이다. 한자 색色의

그림 21-2 1839년에 만들어진 다게레오타입 사진기

뜻이 빛인데 과학적으로도 올바른 정의인 셈이다. 우리가 보는 특정 색은 결국 특정 파장을 가진 빛이거나 그 반사다. 가시광선 대역에서 파장을 구분하지 않고 밝기와 어두운 정도만 본다면 명암만 구별되는 영상을 얻을 수 있어서 흑백사진과 같아진다.

그런데 다게레오타입 사진기로는 흑백사진만 얻을 수 있었기 때문에, 풍경사진이나 인물사진이 풍경화 혹은 초상화를 대신하려면 색을 구현하는 기술이 필요했다. 에드몽 베크렐Alexandre-Edmond Becquerel, 1820~1891은 사진에 색을 입히기 위한 다양한 시도를 통해 얇은 염화은silver chloride을 덮은 은판에 어떤 색의 빛을 쏘여 주면 은판이 그 색으로 변하는 현상까지 구현하였다. 그러나 원리를 알지 못했기 때문에, 색이 변한 은판의 색도 고정시키지 못해서 색은 금방 사라지고 말았다.

이 문제는 1868년이 되어서야 해결되었다. 독일의 젠커Wilhelm Zenker, 1829~1899가 빛이 파동이라는 성질을 이용해서 원리를 밝혀냈다. 빛의 파동이 정상파[2]를 형성하면 파동에서 진폭이 가장 큰 부분인 배antinode에 해당하는 위치에서 화학반응이 일어나고, 이 화학반응으로 염화은은 은 입자를 형성하고 아주 얇게 은으로 된 층이 만들어진다는 것이다. 이렇게 고정된 여러 개의 배 위치에 형성된 은으로 된 층은 거울의 역할을 한다. 이 은층에 빛을 쪼이면 은층에서 반사된 빛의 간섭으로 원래 색을 만들어 낼 수 있다. 원리를 알았으니 이제 이 은층을 그대로 고정하면 된다.

☀️ 노벨 물리학상을 받은 컬러사진술

마침내 프랑스의 가브리엘 리프만Gabriel Lippmann, 1845~1921이 염화은 박막 내에 만들어지는 복수 개의 거울막인 은층 고정에 성공했다. 에드몽 베크렐이 처음 구현했고, 젠커가 원리를 밝힌 색채사진 감광판에, 빛으로 상이 형성된 채로 고정된 결과를 1891년에 리프만이 파리과학원에서 발표하였다. 리프만은 유리판에 감광액[3]을 도포하고, 그 위를 수은으로 덮어 빛이 반사되도록 했다. 과거에는 거울을 만들 때 유리판에 수은을 도포했으므로 리프만은 거울의 유리와 수은층 사이에 감광층을 끼워 넣은 셈이다.

이렇게 감광층을 사이에 끼운 유리거울을 암실에 넣어 유리판 쪽이 물체를 향하도록 노출하면, 빛이 유리판을 지나 수은층까지 갔다가 다시 반사되어 오는 과정에서 그 사이에 있는 감광판을 두 번 지나게 된다. 유리를 통해 들어오는 빛과 수은층에서 반사된 빛

그림 21-3 리프만이 1890년대에 만든 컬러 감광고정판에 빛을 비춘 영상

은 동일한 파동이므로 그 사이에 있는 감광판에서 정상파를 만들게 된다. 정상파의 배 부분에서는 화학반응이 일어나서 은층이 형성되고 이 은층에 밝은 빛을 쪼이면 그대로 고정된다. 비록 은층의 고정에 몇 분씩 소요되었지만 초상화나 풍경화를 그리는 시간에 비교하면 대단한 발전이다.

이 업적으로 리프만은 1908년 노벨 물리학상을 수상했다. 그러나 이 감광판은 빛을 비춰야만 상을 관찰할 수 있어서 종이에는 인화하지 못하는 한계가 있었다. 컬러사진술이었지만 엄밀하게는 빛을 비춰서 보는 영상판이었다. 게다가 감광판 유리 표면에서 반사되는 빛을 최소화하기 위한 프리즘을 표면에 부착해야 하는 등의 문제로 그 자체로도 실제 제품화되지는 못했다. 노벨 물리학상을 받을 만한 수준이었는가를 두고 오랜 기간 논쟁이 이어지기도 했다.

실제로 인화가 가능했고 상업화까지 도달한 최초의 컬러사진은 영화발명가로도 유명한 프랑스의 뤼미에르 형제Auguste Marie Louis

Nicholas Lumière, 1862~1954; Louis Jean Lumière, 1864~1948가 발명한 오토 크롬 방식Autochrome Lumière4이었다.

🔆 빛으로 보는 입체영상

리프만의 감광판 컬러사진술은 인화될 수는 없었지만 레이저 홀로그래피 연구에 영감을 주게 된다. 특정 시간에 형성된 파동의 정보를 그대로 매질에 기록하는 원리가 활용된 것이다. 기업에서 진행한 연구결과를 특허로 출원해서 독점권을 취득했을 뿐 아니라, 그로 인한 학문적 성취를 인정받아 노벨 물리학상까지 수상한 데니스 가보르Dennis Gabor, 1900~1979의 업적이다.

홀로그래피holography는 결맞는 빛coherent light5을 빔가르개beam splitter를 이용하여 2개로 나눈 뒤 한쪽 빛의 진로는 물체가 있는 방향으로 향하게 하고, 다른쪽 빛은 물체를 만나지 않고 진행하도록 한다. 물체를 만나지 않은 빛은 기준광이라 하고, 물체를 만난 빛은 물체의 표면에서 반사되어 기준광과 만나도록 한다. 이렇게 만난 두 빛은 서로 중첩되고 간섭되어 간섭무늬를 만든다. 이 간섭무늬의 형상pattern은 물체 표면으로부터의 거리가 결정한다.

간섭무늬에는 물체의 정보가 기록되어 있으며, 적절한 위치에 사진 필름을 두면 간섭무늬를 필름에 기록할 수도 있다. 간섭무늬가 기록된 필름에다 결맞는 빛을 통과시키면 필름에 기록된 간섭무늬로 빛이 회절하여 똑같은 무늬로 재현된 회절영상을 볼 수 있다.

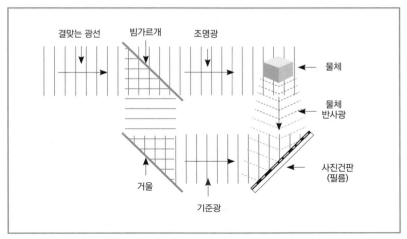

그림 21-4 홀로그래피의 기록방법

리프만이 감광판에 기록하고 관찰했던 방식과 유사하며 이 기술로 입체영상 구현이 가능해졌다.

　이처럼 빛의 간섭성을 이용하여 입체영상정보를 기록하고 재생, 창출하는 기술이 홀로그래피이며, 홀로그래피가 적용된 실시간 3차원 홀로그래피 투사real-time 3D holographic projections나 그 저장물을 홀로그램이라고 한다. 홀로그래피는 그리스어로 전체를 뜻하는 'holos'와 그리기를 의미하는 'grafe'를 합성해 만든 용어로, 물체의 전체 정보를 저장할 수 있다는 의미다. '간섭무늬가 기록된 필름'에 정해진 각도로 '기준광을 갖는 재구성 광'을 통과시키면 마치 필름 위의 허공에 물체virtual image가 존재하는 것처럼 보이게 된다.

　데니스 가보르는 원래 전자현미경의 분해능을 높이기 위한 방법으로 파면 재구성 기술wavefront reconstruction technique인 홀로그래피

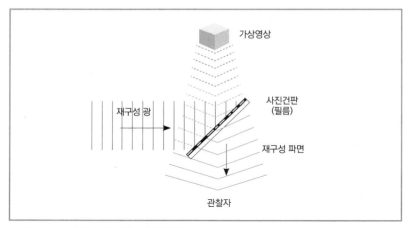

그림 21-5 홀로그래피의 관찰방법

를 개발하여 특허[6]를 취득했다. 전자현미경의 영상을 더욱 자세히 보기 위하여 만든 영상분석기술이 입체영상기술로 응용된 것이다.

　데니스 가보르가 특허 출원을 했을 때는 아직 '결맞는 빛'인 레이저가 개발되기 전이어서 간섭성이 좋은 빛인 수은등을 핀 홀에 통과시켜 광원으로 사용하였다. 그러나 핀 홀에 통과시킨 수은등 빛을 이용하여 얻은 홀로그래피 영상은 희미한 이중상에 불과하여 특허 출원 당시에는 큰 관심을 끌지 못했다. 그러다가 1960년대 들어 레이저가 개발되고 관련 연구가 계속된 뒤 그 가치가 인정되었고, 후속 연구가 이어져 1971년에는 '홀로그래피 방법에 대한 연구' 업적을 인정받아 노벨 물리학상을 수상하는 영광을 누렸다. 물론 레이저가 개발되기 전에도 데니스 가보르는 홀로그래피에 대한 연구를 계속하여 개선된 형태의 홀로그래피 특허[7]를 받기도 했다.

　홀로그램은 기준광이 정해진 각도로 조사될 때만 원래 사물의

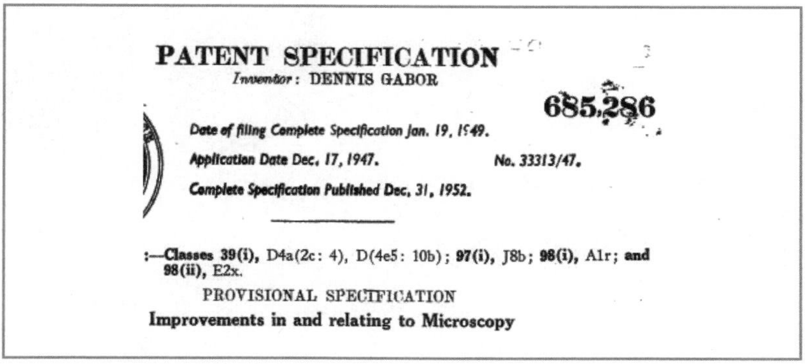
PATENT SPECIFICATION

Inventor: DENNIS GABOR

685,286

Date of filing Complete Specification Jan. 19, 1949.

Application Date Dec. 17, 1947. *No. 33313/47.*

Complete Specification Published Dec. 31, 1952.

:—**Classes 39(i),** D4a(2c: 4), D(4e5: 10b); **97(i),** J8b; **98(i),** A1r; **and 98(ii),** E2x.

PROVISIONAL SPECIFICATION

Improvements in and relating to Microscopy

그림 21-6 영국 특허 685,286, Improvements in and relating to Microscopy

형상이 허공에 영상으로 재구축된다. 거기에다 허공에 맺힌 상을 보려면 관찰 방향도 '간섭무늬가 기록된 필름'을 통과하는 방향이어야 한다. '결맞음 광'인 레이저는 파장이 하나인 단색광이어서 여러 색을 구현하려면 갈 길이 멀다.

22

필름을 대체한 디지털 영상소자

영상소자의 개발과 2009년 노벨 물리학상 수상자 보일, 스미스

☀ 코닥과 폴라로이드의 특허 싸움

필름 카메라 시절에 필름산업을 선도하던 회사는 1888년에 설립된 미국의 이스트만 코닥Eastman Kodak Company이었다. 필름을 판매했고, 현상소에서는 고객이 찍어서 맡긴 필름을 현상, 인화, 확대 developing, printing & enlarging1하여 수익을 올렸다. 그러나 영원할 것 같던 필름왕국 코닥도 몰락하고 말았으니 그 위기는 즉석 카메라를 놓고 폴라로이드와 벌인 특허 분쟁에서 시작되었다. 그러다가 영상 저장 매체가 필름에서 메모리 카드로 바뀌는 디지털 저장시대가 되자 추락을 거듭하여 2012년에 파산보호신청을 하는 신세가 되고 말았다. 코닥은 자구 노력으로 영화필름을 제외한 필름사업부, 카메라사업부와 함께 5억 2,500만 달러어치 특허도 매각해서 2013년 파산보호에서 벗어났다. 2021년 현재는 인쇄기술을 지원하고 전문가

Polaroid Land Camera, model 95a. Manufactured 1949-1950.

Kodak Colorburst 250. ca. 1979.

그림 22-1 폴라로이드(왼쪽)와 코닥(오른쪽)의 즉석 카메라

용 그래픽 커뮤니케이션 서비스영업을 한다.

폴라로이드Polaroid Corporation는 사진을 찍은 뒤에 바로 보는 즉석 사진 기술을 개발해 사진산업에 혁신을 가져왔다. 폴라로이드 설립자이자 개발자인 랜드Edwin Herbert Land, 1909~1991는 자신의 이름을 붙인 즉석 카메라를 1947년에 출시했다. 코닥은 처음에 즉석 카메라용 필름만 판매하는 방식으로 폴라로이드와 협업하였다. 그러다가 1976년부터 즉석 카메라를 직접 생산하기 시작했는데 어이없게도 폴라로이드의 특허를 침해하며 벌인 사업이었다.

특허 소송에서 패소한 코닥은 1986년 이후 제품생산을 중단했고, 폴라로이드에 1조 원 가까운 금액을 지급해야 했다. 코닥으로서는 큰 손실이었으나 뒤이어 닥쳐오는 디지털 카메라라는 쓰나미에 비교하면 파도 하나에 불과한 셈이었다. 코닥뿐만이 아니었다. 특허 소송에서 승리한 폴라로이드도 디지털 기술에 대한 대비를 제

대로 하지 못해 코닥의 파산 시기보다 앞선 2001년에 보호신청 후 은행에 인수되었다가 2008년에 파산했다.[2] 어부가 올 줄 모르고 조개와 도요새가 싸운 꼴이다.

💡 디지털 영상저장 기술: 광전효과

최초로 전자기파 발진에도 성공했던 헤르츠는, 음극선관 실험을 하다가 자외선에 전극이 노출되면 전류가 더 많이 흐르는 현상을 발견했다. 음극선관의 전극은 진공 속으로 전자를 방출하므로, 자외선이 전극에서 전자를 튀어나오게 하는 광전효과photoelectric effect 현상에 대해 최초로 관찰한 기록이다. 하지만 음극선의 실체를 전자가 아닌 진동으로 보았던 헤르츠는 이를 설명할 수 없었다.

음극선이 전자임을 밝힌 J. J. 톰슨은 자외선을 쪼이면 금속 표면에서 전자가 튀어나온다는 사실도 설명했다. 그 뒤 헤르츠의 제자였던 레나르트는 가시광선으로도 전자방출이 가능함을 확인했고, 빛이 방출시키는 전자의 특성을 정리하였다. 파장이 길어 에너지가 낮은 빛을 사용하면 아무리 밝은 빛을 사용해도 금속 표면에서 전자를 튀어나오게 할 수 없으며, 일단 전자가 방출되는 에너지가 높은 짧은 파장의 빛이 선택된 경우에는 빛이 밝을수록 많은 전자가 나온다는 특징이다. 즉, 전자의 방출은 빛의 파장에 직접적으로 관련이 있고 빛의 세기인 밝기는 그다음 문제였다.

그러나 레나르트는 이 현상이 나타내는 의미를 물리적으로 설명하지 못했다. 당시 알려진 바로는, 전자기파인 빛은 금속 내 전자를 진동시키는 방식으로 에너지를 전자에 전달하므로, 빛의 세기를 강하게 하면 전달되는 에너지도 커져서 전자가 튀어나와야 했기 때문이다. 이 문제를 해결한 사람이 바로 아인슈타인이었다. 광양자설로 설명되는 새로운 이론에서 아인슈타인은 빛이 연속적인 에너지를 갖는 것이 아니라 플랑크상수와 진동수를 곱한 값으로 나타나는 에너지를 갖는다고 하였다. 이 빛의 에너지가 전자를 붙잡는 금속의 에너지보다 커야 전자는 튀어나올 수 있다.

　진동수는 파장에 반비례하므로 파장이 짧을수록 빛의 에너지는 커진다. 그러므로 적외선보다는 가시광선의 에너지가 크고, 가시광선 중에는 파란색이 붉은색보다 에너지가 크며, 가시광선보다는 자외선의 에너지가 크다. 일단 전자를 떼어낼 수 있는 크기의 에너지를 가진 빛이라면 밝을수록, 즉 빛의 세기가 강할수록 많은 수의 전자를 방출하게 된다. 전자의 전하량을 측정한 것으로 유명한 밀리컨Robert Andrews Millikan, 1868~1953은 광양자설을 반박하려는 증거를 찾으려고 실험을 했다는 주장이 있지만, 어쨌든 실험결과는 아인슈타인의 이론이 맞았음을 증명한다. 그 결과 아인슈타인은 '이론물리학에 대한 공헌, 특히 광전효과의 발견'으로 1921년에, 밀리컨은 '전기의 기본 전하량과 광전효과 연구'로 1923년에 노벨 물리학상을 각각 수상했다.

⟡ 디지털 영상: 전하3를 이용한 영상저장

　반도체는 금속처럼 전기를 잘 통하지는 않지만 그렇다고 나무나 종이처럼 부도체도 아니어서, 온도나 빛 등 외부 환경 변화나 불순물 주입으로 전기가 통하는 정도를 조절할 수 있다. 반도체에 빛을 쪼이면, 광전효과처럼 반도체 물질 내부에 속박되어 있던 전자가 전기를 통할 수 있는 위치로 이동하게 된다. 즉, 어떤 반도체에는 빛을 쪼이면 전자가 원래 위치에서 이동하여 다른 곳으로 가는 현상이 일어나는데, 태양전지도 이 원리를 이용해 만든다. 빛에너지를 직접 전기에너지로 변환하는 것이다.

　빛을 쪼여서 전자가 이동된 반도체에 전선을 연결하지 않으면 이동된 전자는 정전하로 축적된다. 반도체소자가 발달하면서 물체로부터 발생하거나 반사된 광으로도 정전하를 축적하는 것이 가능해졌고, 이는 광학영상정보를 가진 영상센서image sensor가 되었다. 영상센서는 이렇게 쌓인 전하의 축적정보를 읽어내는 전하결합소자charge coupled device, CCD 또는 상보형 금속 산화막 반도체 complementary metal oxide semiconductor, CMOS와 결합하여 촬상소자 image pickup device가 된다.

　색채 구현을 위해 영상센서는 각 픽셀4별로 영상을 빛의 삼원색인 적색광, 녹색광, 청색광으로 분해해서 각각의 원색광이 생성한 전하를 축적한다. 이 전하정보를 전하결합소자 또는 상보형 금속 산화막 반도체로 읽어낸 뒤, 표시장치에서 영상정보로 나타내면 원래 모습을 확인할 수 있다.

💡 전하결합소자(CCD)

CCD는 1969년 벨연구소의 보일Willard Sterling Boyle, 1924~2011과 스미스George Elwood Smith, 1930~가 공동으로 발명하였다. 기본 개념 은 양동이부대 소자bucket brigade device5에서 착안하였는데, 나란히 서서 물이 담긴 양동이를 전달하는 사람들인 양동이부대처럼 연속 하여 전하를 전달한다고 해서 생긴 용어다. [그림 22-2]에서 보는 바와 같이, 광전효과로 형성된 각 픽셀의 원색광별로 전하량과 위 치정보를 가로와 세로 방향으로 순차적으로 전달하는 방식으로 영 상정보를 전기적으로 기록한다. 마치 빗물을 받는 양동이에 물이 고이듯이 전하가 쌓이고 그 정보를 매 순간 기록해 나가는 것이다.

보일과 스미스는 한 축전지에서 다음 축전지로 반도체 표면을 따라 전하를 전달하는 소자에 관해 연구했다. 이를 위해서 스위치 기능을 하는 트랜지스터를 일렬로 배열하여, 차례로 스위치를 연결 해서 전하가 이동하도록 하였다. 이 소자는 전위차를 이용해 전하

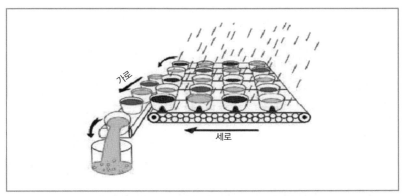

그림 22-2 양동이부대 소자가 광전효과로 형성된 전자를 전달하는 개념도

를 가로, 세로로 이동시켜 전하의 양과 그 위치를 단순히 읽어내기만 할 뿐 신호가 약하다고 해서 신호값을 증폭하지는 않는다. 거기다 픽셀 자체의 구조는 단순하지만 전하의 전달부를 별도로 가지고 있어서 소자는 커지고 복잡해진다.

두 사람은 전하축적 위치정보를 픽셀별로 저장할 수 있는 이 새로운 소자를 '정보저장소자information storage device'라는 이름으로 특허 출원하여 등록하였다.[6] "처음 영상소자 장치를 만든 뒤에 우리는 필름이 끝났다는 걸 알았다"는 스미스의 말은 그들 생전에 실현되었으며, 40년이 지난 2009년에는 노벨 물리학상을 함께 수상했다.

역시 벨연구소에 근무하던 톰셋Michael Francis Tompsett, 1939~은 보일과 스미스가 발명한 CCD를 이용하여 최초의 비디오 카메라를 설계하고 제작하였으며, '전하전달영상소자charge transfer imaging devices'를 특허 출원하여 등록하였다.[7] 톰셋이 한 일은 보일과 스미스의 정보저장 기술을 영상저장 기술로 구체화한 것이다.

한편, 보일과 스미스의 CCD 발명보다 1년 앞선 1968년에 노블Peter JW Noble, 1940~은 영상을 전하로 저장한 각각의 픽셀에 증폭기를 설치하는 개념을 제안한다.[8] 즉, 빛을 감지해서 그 세기의 정도에 비례하여 형성되는 전하량을 다루기 쉬운 전압으로 먼저 변환시킨다. 그다음, 아날로그 신호 상태인 전압신호를 신호안전도가 높은 디지털 신호로 최종 변환하여 영상 데이터를 획득하는 것이다. 그러나 전기신호를 각각의 픽셀에서 출력해야 하는 이 기술은 당시의 반도체 공정으로 구현하기 어려워서, 1980년대가 되어서야 상보형 금속 산화막 반도체 촬상소자로 실현된다. 상보형 금속 산화막 반도체 촬상소자는 전하전달부가 별도로 필요한 CCD와 달리, 소자 안에 회로가 내장되므로 시스템 구조가 간단하여 최근 스마트폰 등에 활발하게 사용되는 기술이다.

☀ 디지털 카메라: 베이어(Bayer) 필터

톰셋의 개발 이후, 최초로 상용화된 CCD를 양산한 기관은 아멜리오Gilbert Frank Amelio, 1943~의 특허[9]를 앞세운 페어차일드Fairchild Camera and Instrument Corporation였다. 필름회사 코닥의 새슨Steven J. Sasson, 1950~은 1975년에 페어차일드의 CCD를 이용하여 최초로 디지털 카메라를 개발하고 특허를 출원한다.[10] 소자로부터 장치의 개발로 이어진 것이다.

그러나 필름회사인 코닥에서 디지털 카메라는 외면받았다. 필

그림 22-3 새슨과 그가 개발한 디지털 카메라

름의 판매에 도움이 되지 않는다고 생각해서였다. 이 시기 코닥에 서는 폴라로이드의 특허를 침해하면서까지 즉석 카메라 시장진출 을 준비하고 있었다. 디지털 카메라에 대한 원천특허를 보유한 코 닥의 잘못된 선택은 결국 필름산업과 함께 필름왕국 코닥이 몰락에 접어드는 길을 바꾸지 못했다.

새슨의 디지털 카메라를 비롯해서 캠코더 등 디지털 영상장치 에서는 앞서 본 것처럼 개별 픽셀을 빛의 삼원색인 RGBred, green, blue로 다시 구획하는 색필터 배열color filter array을 한다. 그런데 사 람의 눈은 녹색에 덜 민감하게 반응하기 때문에 녹색 필터를 다른 색 필터보다 더 많이 사용해야 한다. 이 점에 착안한 코닥의 베이어 Bryce E. Bayer, 1929~2012는 1975년에 녹색을 50%, 적색과 청색을 각 각 25% 배열한 베이어 필터Bayer filter를 개발했다. 베이어 필터는 색 배열 순서에 따라 RGBG, GRGB, RGGB로 불리기도 한다.

베이어는 그의 매트릭스를 특허 미국 특허 3,971,065로 출원하면 서, 빛을 겹쳐 새로운 색을 만드는 가산혼합의 삼원색인 RGB 조합 은 물론, 선홍색magenta과 짙은 하늘색cyan 및 노란색으로 이루어

그림 22-4 베이어 매트릭스

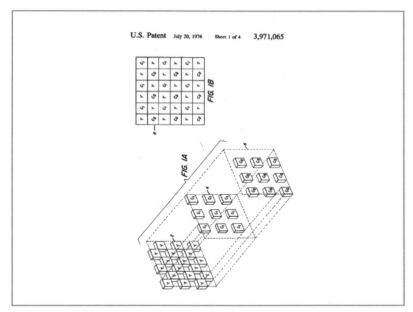

FIG. IB

FIG. IA

그림 22-5 베이어의 미국 특허 3,971,065

지고 물감을 혼합하여 새로운 색을 만드는 감산혼합의 삼원색인 CMY cyan, magenta, yellow 조합까지 함께 권리로 주장하였다. CMY 는 당시 기술로 구현하기 어려웠지만, 특허로 출원하는 발명은 기술에 대한 개념만 제시하면 충분하기 때문에 가능한 일이었다.

영상으로부터 발생되거나 반사되어 렌즈를 통해 집광된 광선은 렌즈의 초점거리에 위치한 촬상소자에 도달한다. 촬상소자에 도달한 광선은 베이어 필터를 통해 각 픽셀별로 삼원색으로 분해되어 각각의 위치에서 광전효과를 통해 전하를 축적한다. 이 전하정보를 위치별로 판독하고 베이어 필터에 사용된 매트릭스 정보와 대응시켜 삼원색을 혼합하면 영상정보가 디지털로 저장된다. 이렇게 저장된 전하를 전하전달소자인 CCD나 CMOS가 판독한다.

카메라나 휴대전화에서 사진을 찍을 때 사용하는 전하전달소자가 CCD든 CMOS든 색필터와 결합한 촬상소자는 필름을 대신하여 언제 어디서나 즉각적인 영상 획득과 전송을 가능하게 한다. CCD를 개발한 공로로 노벨상을 수상한 스미스와 보일은 벨연구소에서 은퇴할 때까지 영상소자 연구를 계속하였다.

인류가 만들어 낸 빛, 레이저

레이저의 개발과 1964년 노벨 물리학상 수상자 타운스

☀ 굴드의 레이저 특허

레이저laser는 '방사의 유도방출에 의한 광증폭light amplification by stimulated emission of radiation'이라는 뜻으로 굴드Gordon Gould 1920~ 2005가 만들어 낸 용어다. 레이저 초기 발명자 중 한 사람으로 자신의 발명으로 특허 등록을 하느라 미국 특허청과 30년에 걸쳐 소송을 벌이는 바람에 고생을 많이 했지만, 그 기간 동안 레이저가 제품화되고 시장이 커져서 특허 실시권royalty의 규모도 덩달아 커졌다. 지금이라면 특허를 출원한 날부터 20년까지만 권리가 인정되니 30년이 지나서 등록을 받아봐야 무의미한 일이지만, 굴드가 특허권을 등록받았을 때는 등록일부터 17년 동안 권리를 행사할 수 있었다.

결국 늦게 받은 특허로 전화위복의 기회가 찾아온 굴드에게는 늘 불운과 행운이 함께 따랐다. 젊은 시절에 활동했던 공산주의자 정치협회 경력 때문에 원자폭탄 개발과제였던 맨해튼 프로젝트에 참여했다가 1년도 못 되어 해고되었는가 하면, 민간기업인 TRGTechnical Research Group에서도 정부과제를 수행하다가 보안허가 문제로 업무에서 제외되기도 했다. 게다가 1957년에 가장 먼저 레이저 개념을 정리하여 연구 노트에 기록하고도, 실제 작동하는 레이저 장치를 만들어야 특허로 출원할 수 있다고 잘못 생각해서 2년이나 지난 1959년에 출원하는 실수도 했다. 굴드가 실제 특허를 출원할 때까지 레이저 발진에 성공하지 못했으니, 결국 굴드도 작동하는 레이저를 출원한 것은 아니다.

문제는 굴드가 발명을 완성하고 출원을 하지 않았던 시기인 1958년에 타운스Charles Hard Townes, 1915~2015와 숄로Arthur Leonard Schawlow, 1921~1999가 유사한 기술을 특허 출원했다는 것이다. 타운스는 '방사의 유도방출에 의한 마이크로파 증폭microwave amplification by stimulated emission of radiation' 장치인 '메이저maser'를 이미 개발한 사람이다. 거기에다 증폭대상을 마이크로파에서 가시광선으로 확장하는 '광학 메이저'를 연구한 업적으로 1964년에 노벨 물리학상을 수상한 권위자였다. 타운스의 매제이기도 한 숄로 역시, 원자와 분자의 성질을 연구하는 레이저 분광법으로 1981년 노벨 물리학상 수상자가 된 레이저 기술의 대가였다.

재미있는 사실은 굴드가 특허 출원을 늦춘 이유이기도 했던 레이저 장치의 발진 성공은 굴드의 출원 이후인 1960년에야 이루어졌다는 것이다. 노벨상을 수상한 타운스나 숄로도 아니었고, 특허

전쟁의 당사자인 굴드도 아니였으니, 휴즈항공기회사Hughes Aircraft Company의 연구원이었던 메이먼Theodore Harold Maiman, 1927~2007이 바로 그 주인공이었다.

💡 유도방출

보어Niels Henrik David Bohr, 1885~1962가 제시한 원자모형에 따르면 원자에 속박된 전자는 특정한 에너지 상태에서만 존재할 수 있다. 그러다가 어떤 이유로 '높은 에너지 상태들뜬상태 또는 여기상태'에 있다가 '낮은 에너지 상태바닥상태 또는 기저상태'로 전자가 내려가면 그 차이에 해당하는 에너지를 가진 파동을 방출하게 된다. 이러한 방출을 자연방출 또는 자발방출spontaneous emission이라고 하는데, 불규칙적으로 일어난다.

원자가 높은 에너지 상태에 있다가 낮은 에너지 상태로 내려가는 이유가 방출될 빛과 파장이 같은 외부의 빛에 의한 자극일 때는 유도방출induced emission이라고 한다. 이렇게 되면 파장이 같은 파동이 동시에 방출되므로 파동의 위상이 일치해서 두 파동의 진폭이 더해지는 증폭이 가능하다. 자극방출stimulated emission이라고도 하는 유도방출을 일으키려면 높은 에너지 상태에 위치한 전자가 낮은 에너지 상태보다 많아야 하는데 이를 밀도반전이라고 한다.

마이크로파는 가시광선보다 파장이 길고 에너지가 작아 상대적으로 유도방출을 일으키기가 쉬워, 빛보다 먼저 증폭된 결과를 얻

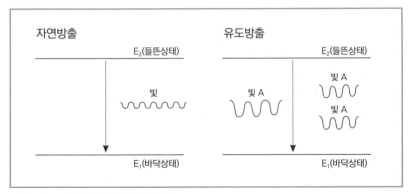

그림 23-1 자연방출과 유도방출

을 수 있었다. 타운스는 1953년에 암모니아에 전기장을 가해 마이크로파를 증폭하여 메이저를 만드는 데 성공했다. 또한 타운스와 독립적으로 모스크바의 바소프Nikolay Gennadiyevich Basov, 1922~2001와 프로호로프Alexander Michael Prochoroff, 1916~2002도 메이저를 연구하였다. 바소프와 프로호로프도 타운스와 함께 1964년 노벨 물리학상을 공동 수상하였다.

바소프와 프로호로프는 메이저 이론에 대한 논문을 1952년에 발표하였고, 타운스는 1953년에 암모니아 마이크로파의 증폭현상을 관측하고 1954년 학회에 보고하였다. 양쪽 논문이 모두 받아들여졌으므로 바소프와 프로호로프가 세운 이론과 타운스의 실험결과가 학계에서 함께 인정받은 것이었다. 그렇지만 실험을 진행하기 전에 이론 연구도 미리 준비해 왔던 타운스는 이후부터 특허 출원과 논문 발표에 더욱 신경 쓰게 되었다.

☼ 광학 메이저 또는 레이저

1956년에 컬럼비아대학 박사과정 학생이었던 굴드는 그 전부터 알려져 있던 기술인, 원자 또는 분자의 낮은 에너지 상태에 있는 전자를 높은 에너지 상태로 끌어올리기 위해 빛을 사용하는 광펌핑 optical pumping을 메이저의 밀도반전에 사용하자고 제안하였다. 굴드는 당시 컬럼비아대 교수였던 타운스에게도 광펌핑을 메이저에 적용하는 문제를 상의했으며, 계속해서 광펌핑을 이용한 광증폭을 연구하였다.

그 과정에서 굴드는 1957년에 광펌핑과 함께 두 개의 반사거울 사이에 공동cavity을 두는 광공진기optical resonator를 적용한 광증폭기 개념을 완성하였다. 굴드는 이를 연구 노트에 기록하면서 메이저와 유사한 조어방식으로 레이저라는 말을 만들었다.

굴드는 두 개의 거울 사이에 헬륨-네온 기체를 넣고 빛이 거울에 반사하면서 기체 사이를 여러 차례 오가도록 해서 빛의 에너지를 흡수한 낮은 에너지 위치에 있던 전자가 높은 에너지 위치로 올라가 밀도반전을 이루도록 하였다. 거울 사이를 오가는 빛으로 광펌핑을 해서 밀도반전이 된 상태에서 유도방출을 일으켜 방출되는 파동 사이에 공명이 일어나도록 하면, 방출되는 광은 서로 위상이 일치되고 진폭이 커진 '결맞는 광'이 된다.

이 과정에서 아쉽게도 굴드는 특허를 출원하지 않은 채 레이저를 만드는 작업을 시작하였다. 발명의 개념이 정립된 상태라면 그 상태에서 특허 출원이 가능하고, 구체화하는 과정에서 새로운 사실

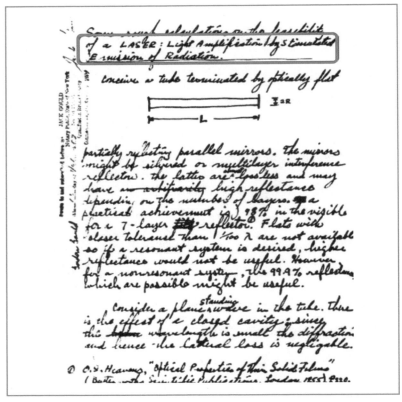

그림 23-2 두 번째 줄에 Light Amplification by Stimulated Emission of Radiation이 기록된 굴드의 1957년 연구 노트

을 알게 되면 추가로 새로운 특허를 출원하면 된다. 만약, 먼저 특허 출원한 날부터 1년이 지나지 않았다면 먼저 출원한 특허에 대한 우선권을 주장하면서 새로운 발명을 먼저 출원한 특허에 합체시켜 하나로 만드는 우선권 주장 출원도 가능하다. 굴드가 재직했던 TRG에서 특허 교육을 제대로 시키지 않았는지 굴드는 개념 정립 후 2년 동안 특허를 출원하지 않고 실험을 계속했다.

메이저 연구가 그랬듯이 새로운 기술의 연구에는 항상 경쟁자가 있게 마련이다. 더군다나 메이저를 개발한 타운스도 광학 메이저를 연구하고 있었으며, 교수였으므로 학생이었던 굴드가 찾아가서 광펌핑의 적용 가능성을 상의하기까지 했다. 굴드가 발명을 완성하고 출원하지 않고 있던 1958년에 타운스는 단독으로 레이저 기술[1]에 대한 특허를 출원했고, 숄로와 공동 발명으로 벨연구소에서 메이저 기술[2]에 대한 특허를 출원하였다. 이 2개의 특허 출원은 1960년에 모두 등록받았다.

굴드는 TRG에서 1959년 4월 6일에 2개의 특허를 출원하지만 이미 레이저의 개념 특허는 타운스와 숄로가 먼저 출원했기 때문에 특허 등록이 거절되는 상황에 놓였다. 하지만 굴드에게도 희망은 있었다. 당시 미국 특허제도는 진정한 발명자가 누구인가를 가려서 선발명자에게 특허를 주는 선발명주의를 취하고 있었다. 특허청에 먼저 출원하는 자에게 특허권을 주는 선출원주의와 달리, 선발명주의는 연구 노트 등으로 발명일을 밝힐 수만 있으면 먼저 발명한 사람에게 특허받을 권리를 인정하는 제도다.

선발명주의는 진정한 발명자를 가려내 그에게 특허를 주므로, 발명자의 권리보호에 충실한 제도이기는 하지만 발명자를 가리는 과정이 불완전할 수 있어서 분쟁과 다툼이 빈번하다는 문제[3]가 있다. 이에 비해 먼저 출원한 사람에게 권리를 주는 선출원주의는 겉으로 드러나는 출원이라는 절차로 그 선후를 가리므로 선출원을 놓고 다툴 여지는 없지만, 진정한 발명자를 보호하지 못할 수도 있다는 단점이 있다. 특허제도를 이용하는 사람이라면 출원 절차에도 적극적으로 임해야 하기에 현재 대부분의 국가에서는 선출원주의를 채택하고 있다.

미국 특허청의 선발명주의 말고도 굴드에게 좋았던 일은 숄로가 제안했던 이름인 광학 메이저optical maser가 아닌, 레이저laser가 1959년에 빛의 증폭장치 이름으로 채택되었고 대중적으로도 받아들여졌다는 사실이다.

💡 레이저 특허전쟁

타운스, 숄로, 굴드가 실제 작동하는 레이저를 구현하려고 경쟁하는 사이에 최초 성공의 영광은 메이먼에게 돌아갔다. 다른 연구자들이 기체 레이저에 집중하는 동안 고체인 루비를 펄스광으로 광펌핑하는 방법을 선택한 것이 성공요인이었다. 1960년 5월 16일은 한국에서 군사 쿠데타가 일어난 날이면서, 인류 최초의 레이저가 탄생한 날이기도 하다. 메이먼은 이를 특허로 출원하여 등록하였고,[4] 고출력 루비 레이저를 제작하는 회사Korad Corporation도 설립하였다.

타운스는 노벨상을 받고 최초로 기술을 구현한 영예는 메이먼이 가져간 상황에서, 굴드와 TRG는 특허 등록을 위한 특허청 및 법원과의 소송전을 계속해 나갔다. 그런데 소송 도중에 연구 노트의 기록이 남보다 앞선 발명으로 인정되자, 이번에는 그 내용을 완성된 발명으로 볼 수 있는지의 여부가 다투어졌다. 특허전쟁이라 불린이 다툼은 굴드가 1967년에 TRG를 떠나 뉴욕대학의 교수가 된 뒤에도 이어졌다. 그러다가 1970년에 TRG를 인수한 CDCControl Data Corporations로부터 굴드는 자신이 출원한 특허를 되사들였다.

굴드가 발명을 했어도 기업에 소속된 연구원이 자신의 직무와 관련하여 발명을 하면 직무발명이 되어 회사가 권리를 가지기 때문에 발명자는 특허 출원이나 등록이 되면 기업으로부터 보상금만 받을 수 있다. 그러나 회사로부터 그 발명 권리를 사들이면 특허 발명에 대한 모든 권리를 자신이 행사할 수 있다. 아직 등록되지 않고 심사절차가 계속 중인 특허를 사들인 굴드는 자신의 출원을 그대로 등록받으려는 전략 대신, 특허 명세서에 기록된 핵심부품에 관한 특허를 받는 것으로 목표를 바꾼다.

굴드가 새로운 전략을 펼 수 있었던 이유는 미국의 특허제도가 유연했기 때문이다. 미국은 특허 등록 전이라면 원래 명세서에 기재된 청구항을 분할하여 새로 출원하는 분할출원뿐 아니라, 원래 명세서에는 기재되어 있지만 청구항이 아니었던 설명 등을 청구항으로 만드는 계속출원[5]과 함께 원래 명세서에 기재되어 있지 않던 새로운 기술 내용까지 추가로 출원하는 일부계속출원[6]을 허용하였다. 굴드의 전략은 성공적이어서 굴드는 1959년에 출원했던 두 개의 특허를 근거로 4개의 새로운 특허를 출원했고 모두 등록받았다. [그림 23-3]의 특허는 당시까지 등록되지 않고 심사 중이던 1959년 출원에 기초하여 1974년에 일부계속출원 하여 마침내 1977년에 미국 특허 4,053,845로 등록받았다.

United States Patent [19]

Gould

[54] **OPTICALLY PUMPED LASER AMPLIFIERS**

[76] Inventor: **Gordon Gould**, 329 E. 82 St., New York, N.Y. 10028

[21] Appl. No.: **498,065**

[22] Filed: **Aug. 16, 1974**

Related U.S. Application Data

[60] Continuation of Ser. No. 644,035, March 6, 1967, abandoned, and Ser. No. 804,540, April 6, 1959, abandoned, said Ser. No. 644,035, is a division of Ser. No. 804,540, , and a continuation-in-part of Ser. No. 804,539, April 6, 1959.

그림 23-3 미국 등록특허 4,053,845 OPTICALLY PUMPED LASER AMPLIFIERS(1967년 3월 6일 출원된 출원번호 644,035 및 1959년 4월 6일에 출원된 출원번호 804,540의 계속출원으로, 상기 출원번호 644,035는 출원번호 804,540의 분할출원이자 1959년 4월 6일에 출원된 출원번호 804,539의 일부계속출원)

　　1977년에 일부계속출원 특허를 등록받았어도 1959년에 했던 최초 출원은 등록 전이었으므로, 이에 기초하여 굴드는 새롭게 "물질에 에너지를 공급하는 방법METHOD OF ENERGIZING A MATERIAL"을 일부계속출원 하여 1979년에 미국 특허 4,161,436호로 등록받는다. 이 밖에 1977년과 1978년에도 역시 그때까지 심사가 계속되어 등록 전이던 1959년 출원에 기초하여 각각 하나씩 더 출원하여 1987년 미국 특허 4,704,201과 1988년 미국 특허 4,746,201에 등록하였다. 심사에 대한 소송이 지속되고 있는 상황에서 당시 특허제도를 효율적으로 활용한 전략이었다.

굴드가 처음 특허를 출원한 1959년부터 마지막 특허를 등록받은 1988년까지 30년이 걸린 셈인데, 이 사이에 레이저산업의 규모는 엄청나게 성장하였다. 게다가 지금은7 특허권이 최초 특허 출원일을 기준으로 하여 그날로부터 20년까지만 인정되므로, 30년 뒤에 특허를 받았으면 아무 소용도 없었겠지만, 당시에는 특허 출원일이 아니라 특허 등록일부터 17년까지 특허권이 인정되었다. 각 특허별로 등록받은 1977, 1979, 1987, 1988년부터 각각 17년씩 특허료를 받게 된 굴드는 돈방석에 앉았다. 굴드는 1979년에 특허권을 관리하는 회사인 파틀렉스Patlex도 설립하였으며, 30년전쟁 후 매년 1,200만 달러 상당의 특허수수료를 벌어들였다.

유도방출은 마이크로파를 증폭하는 메이저와 빛을 증폭한 레이저로 발전하였다. 레이저란 이름을 만들어 연구 노트에 기록해 둔 굴드는, 그 기록에 근거해 1988년에 마지막으로 등록받은 특허의 권리가 끝나는 2005년에 눈을 감았다.

24
고효율 조명, LED
청색 LED의 개발과 2014년 노벨 물리학상 수상자 나카무라 슈지

💡 나카무라 슈지의 독설

이보다 더 나쁜 교육 시스템은 없다. 일본을 비롯해 한국, 중국의
교육은 시간 낭비일 뿐이다. 입학시험은 오직 이름난 대학에 들어
가기 위한 목적밖에 없다.

일본을 떠나 미국에서 대학교수를 하면서 미국 국적까지 취득한
나카무라 슈지가 노벨상을 수상한 직후에 일본을 방문해서 한 말
이다.

나카무라 슈지는 일본의 4대 섬 중 가장 작은 시코쿠四国 지방에
서 태어나 역시 시코쿠에 있는 도쿠시마대학을 졸업했다. 대학성적
은 우수했으나, 교토대학 대학원시험에 낙방해 다시 도쿠시마대학
원에 진학했다. 대학원을 마친 뒤에도 대기업인 마쓰시타전기에 불

합격한 뒤, 도쿠시마현에서 형광등과 TV 브라운관의 형광체를 제조하던 중소기업 니치아공업화학에 입사했으니 일본에서 사는 내내 시코쿠를 벗어나지 못했다.

한국만큼은 아니지만 도쿄와 교토 텃세가 심한 일본의 대학체제에서 변방이라고 할 수 있는 시코쿠 소재 대학을 졸업한 데다가, 직장도 비록 가족과 함께 생활하기 위해서였다고 하지만 역시 시코쿠에서 시작했던 그가 일본에서 경험했던 차별의 기억 때문에 독설을 자주 하게 되었다고 보는 시각도 있다.

☀ LED 기술

전기를 흘려준 반도체에서 빛을 발생시키는 전기발광electro-luminescence 현상은 빛으로 전기를 만드는 태양전지와 대칭되는 기술이라고 할 수 있는데, 1907년에 라운드Henry Joseph Round, 1881~1966가 발견[1]했다. 라운드는 젊은 시절에 무선전신을 개발한 마르코니의 조수를 지내기도 했다.

실제 사용할 수 있는 LED를 구현하는 일은 라운드의 발견 이후에도 오랜 시간이 지나서야 가능했는데, 1961년에 텍사스 인스트루먼트에 근무하던 비어드James R. Biard, 1931~ 등이 LED로 적외선광을 얻는 데 성공하였다. 비어드는 다음 해에 반도체 발광다이오드라는 이름으로 특허를 출원하여 1966년에 등록받았다.

LED는 음전하의 운반자인 전자가 존재하는 n형 반도체와 양전

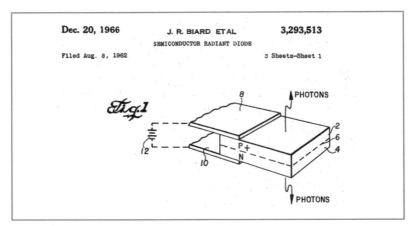

그림 24-1 비어드의 적외선 LED 미국 특허

하의 운반자인 정공hole이 존재하는 p형 반도체를 접합하여 만든
다. 이렇게 두 반도체를 접합하면 전자가 존재하는 전도띠conduction
band와 정공이 존재하는 가전자띠valence band 사이의 에너지 차이인
띠 간격band gap 때문에 전자와 정공은 외부에서 밀어주는 힘이 없
으면 서로 결합하지 못한다.

이 상황에서 p형 반도체에 '+' 전압을 걸고 n형 반도체에 '−' 전
압을 걸면 전자와 정공은 각각 같은 극의 전압에 밀려서 서로 합쳐
진다. 전자와 정공이 외부 전압의 힘으로 강제로 합쳐지면 띠 간격
에너지 크기에 해당하는 빛을 방출하게 된다.

적외선광을 방출하는 LED가 최초로 개발된 이유는 적외선의 파
장이 길어서 방출에 필요한 에너지가 가시광선보다 작으므로 방출
이 상대적으로 쉽기 때문이다. 적외선광 LED가 개발되고 난 뒤에
는 가시광선을 방출하는 LED의 개발도 이어져서 GE에서 근무하

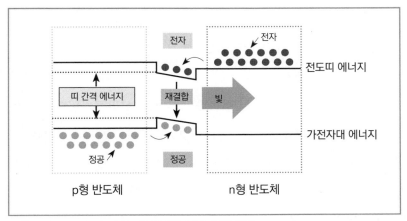

그림 24-2 LED 소자의 띠 간격에 따른 발광원리

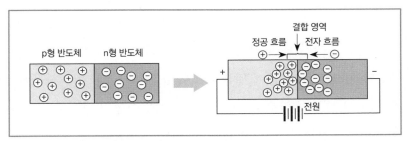

그림 24-3 LED 소자의 동작원리

던 홀로냑Nick Holonyak Jr., 1928~이 1962년에 적색광 방출소자를 개발
하였다. 그 뒤를 이어 몬산토에서 일하던 크래포드M. George Craford,
1938~는 1972년에 황색광을 방출하는 소자를 개발하고 이와 함께
적색광, 주황색광 소자의 성능을 개선하였다.

☀️ 청색광 LED

가시광선 중 파장이 가장 짧아 에너지가 큰 청색광 소자도 1972년에 RCA의 마루스카Herbert Paul Maruska가 사파이어 기판에 질화갈륨GaN을 사용하여 개발하였고, 크리Cree는 실리콘카바이드SiC로 소자를 제작하기까지 했으나 밝은 빛을 얻지는 못했다. 적색에서 황색을 거쳐 녹색, 청색으로 갈수록 빛의 파장은 짧아지기 때문에 띠 간격 에너지도 더 커져야 하므로, 이런 특성을 가진 결정은 성장시키기 어렵기 때문이다.

문제는 백색광을 만들려면 빛의 삼원색인 적색, 녹색, 청색이 필요하다는 사실이다. 녹색은 황색과 가까워서 비슷하게 만들 수 있었지만 오랜 기간 동안 청색 LED 연구는 답보 상태에서 벗어나지 못했다. 마침내 1992년에 일본 나고야대학의 아카사키 이사무赤﨑勇, 1929~와 아마노 히로시天野浩, 1960~가 사파이어 기판에서 질화갈륨 결정을 생장시켜 청색 LED를 만드는 데 성공했다.

비슷한 시기에 나카무라 슈지는 인듐질화갈륨InGaN을 사용하여 청색 LED 소자를 개발해 냈고, 이는 기술적 완성도가 뛰어나 실용화로 이어졌다. 생산 가능한 청색 LED 소자가 개발되자 적색, 녹색 LED와 함께 사용해서 백색광을 만들기도 했지만, 백색광을 발생시키는 형광물질에 에너지가 큰 청색광을 비추어서 백색광을 만들기도 했다. 실제로, 정확한 파장의 녹색광을 만들기 어려운 데다 형광물질 기술이 발전해서 청색 LED와 형광물질로 백색광을 만드는 기술이 선호된다.

☀ 직무발명과 발명자 보상

아카사키, 아마노, 나카무라 세 사람은 2014년 노벨 물리학상을 공동 수상하였지만, 이 중 나카무라 슈지만큼 널리 알려진 사람은 없다. 일본의 교육제도에 대한 독설 말고도 니치아화학공업 Nichia Corp.과 벌인 직무발명 특허 보상소송과 관련하여 끊임없이 화제를 몰고 다녔기 때문이다.

대학에 재직 중인 교수나 연구소에 근무하는 연구원은 새로운 연구결과의 실용성이 인정된다면 이를 논문으로 발표하기 전에 먼저 특허 출원을 하는 것이 바람직하다. 특허는 출원 당시를 기준으로 새로운 발명에 주어지는 것인데, 자신의 연구결과라 하더라도 특허 출원 전에 미리 발표했다면 더 이상 새로운 것이 아니어서 등록할 수 없기[2] 때문이다.

기업체 연구소나 정부출연 연구소에 소속된 연구원뿐 아니라 대학교수의 발명도 전공과 관련된 것이라면 직무발명으로 인정되어 발명자 이름으로 출원할 수 없다. 특허권자는 대학산학협력단이나 연구소기업가 되고 발명자인 교수나 연구원은 발명자로만 기재된다. 그렇다면 교수나 연구원은 왜 대학이나 연구소가 특허를 받을 수 있도록 협조해야 할까?

우선, 연구과제에서 실적으로 특허를 요구한다. 현재 진행 중인 과제뿐 아니라 앞으로 과제를 수주하기 위해서도 발명자로 포함된 특허 실적이 중요하다. 같은 이유로 대학이나 연구소에서 승진을 위한 심사의 양적 지표로 논문과 함께 특허를 포함시킨 곳도 많다.

또한 특허는 보상금과 직접 연관된다. 직무발명으로 판정되면 연구소나 대학의 이름으로 특허를 출원하므로, 그 과정에서 발명자가 자신의 발명을 연구소나 대학에 넘겨주게 된다. 따라서 그에 따른 보상금을 요구할 수 있는 권리를 보유하게 된다.

특허권은 유형의 실체가 있는 재산권인 동산이나 부동산과 달리 무형의 재산권에 속한다. 그래도 재산권이라는 본질을 보유하므로 연구자가 발명을 완성하여 특허를 받을 수 있는 권리를 소속기관에 넘기는 순간 자신의 권리를 넘겨준 데 따른 보상금을 청구할 수 있다. 이 때문에 대부분의 기업에서는 특허 출원 시에 지급하는 출원보상금과 출원 특허가 등록될 때 지급하는 등록보상금을 일정한 금액으로 미리 정해 둔다.

이 단계에서는 그 특허가 어느 정도의 수익을 가져올지 알 수 없으므로 보상액이 크지 않은 것이 일반적이다. 문제는 대학이나 정부출연 연구소에서 보유한 특허가 이전^{처분보상}되거나 기업에서 특허를 이용하여 수익을 올린^{실적보상} 경우다. 이 중 특허 이전에 따른 처분보상은 특허를 판매한 수익금에 대한 일정비율의 금액을 정하면 되므로 상대적으로 단순하다.[3]

기업이 종업원의 발명을 특허로 등록받고 이를 사용하여 수익을 올린 경우에 지급하는 실적보상은 그 산정시기 및 종업원 기여비율 계산 등과 관련하여 빈번한 다툼이 있다. 실적보상금에 대해 우리 법원은 제3자에 대한 실시허락을 할 때의 실시요율을 기준으로 판단하기도 한다.[4] 공공기관의 기술이전은 특허권 자체를 이전하기보다는 주로 특허를 보유한 채 통상실시권이나 전용실시권 계약을 맺는 실시허락으로 이루어지는 경우가 많은데 이와 유사하게 본 것이다. 그렇지만 민간기업이 특허를 실시해서 수익을 올린 경우에도 마치 공공기관이 외부와 실시권 계약을 맺는 경우처럼 실시요율 기준을 적용한 것은 납득하기 어렵다는 비판이 있다. 기업의 매출액과 이익에 기여하는 특허의 비율을 정확하게 알 수 없기 때문에 발명자 보호를 위해 법원이 선택한 최소한의 기준이기는 하지만 발명자 보호보다는 기업 이익에 치우친 판단이기 때문이다.

☀ 나카무라 슈지의 직무발명 보상소송

나카무라 슈지는 일본의 노벨상 산실인 교토대학과 도쿄대학이 아닌 지방 국립대를 졸업했고, 세계적 대기업이 즐비한 일본에서 상대적으로 규모가 작은 중소기업의 연구원이었다는 점에서 2002년 노벨 화학상을 받은 다나카 고이치田中耕一, 1959~와 비교되기도 한다. 그렇지만 다나카 고이치가 노벨상 수상 전까지 무명에 가까운 사람이었고 그 후에도 겸손한 연구원의 면모로 유명한 데 비해, 나카무라 슈지는 청색 LED의 개발 자체로 노벨상 수상 이전에도 세계적인 유명세를 탔다.

게다가 이미 노벨상 수상 전에 미국 대학University of California, Santa Barbara의 교수로 부임한 데다, 자신이 근무했던 기업인 니치아화학공업을 상대로 특허보상금 지급소송을 벌여서 화제를 모았고 노벨

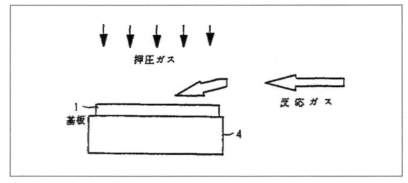

그림 24-4 일본 특허 2,628,404호

상 수상 후에는 헝그리 정신을 강조하여 독특한 인상을 남겼다.

　니치아공업화학은 나카무라 슈지가 재직 중 완성한 발명을 '반도체 결정막의 성장방법'이라는 명칭으로 1990년에 특허 출원[5]했는데, 구체적인 기술은 '기판에 반응 가스를 분사해 그 표면에 반도체 결정막을 성장시키는 방법'이었다. 함께 노벨상을 수상한 아카사키 교수 그룹이 마그네슘 도핑된 GaN에 전자빔 조사electron beam irradiation 방식으로 p형 GaN을 먼저 구현하였지만 양산성이 부족했던 점을 개선한 것이다. 즉, 기판 표면으로 반응기체를 흘려보내면서 위쪽에서 가압된 불활성 기체로 반응기체를 내리누르도록 하는 방식이 특허성을 인정받은 것이다.

　위 일본 특허 2,628,404호는 2001년에 나카무라 슈지가 니치아공업화학을 상대로 하여 보상금 소송을 도쿄지방재판소에 제기하면서 '404 특허'라는 약칭으로 불리면서 더욱 유명해졌다. 도쿄지방재판소는 2004년 1월 30일 판결에서, 니치아공업화학은 나카무라 슈지에게 200억 엔을 지급하라고 판결[6]했다. 한국 원화 기준으로 2,000억 원 전후의 금액이다. 일본은 물론이고 한국의 연구원까지 깜짝 놀라게 했던 이 판결은 그러나 항소법원인 도쿄고등재판소에서 화해로 마무리되는데 8억 4,000만 엔을 니치아공업화학이 지급한다는 결론으로 마무리된다.[7] 보상금이 2000억 원에서 85억 원 정도로 줄어든 셈이다. 나카무라 슈지로서는 "기술자들이여, 일본을 떠나라!"라고 외칠 만하다.

다만, 결과가 이렇게 나온 데는 정상을 참작할 만한 이유가 있으니 니치아공업화학은 '404 특허'를 1997년 이후부터 생산공정에 적용하지 않았다. 실제로 니치아공업화학은 2심에서 화해가 있은 지 약 1년이 지난 2006년 3월 8일에 '404 특허'를 포기해 버렸다. LED 제조공정에 적용하지도 않는 특허지만 상징성을 고려해 매년 특허 유지료를 특허청에 지급해 오다가, 그마저도 내지 않겠다는 것이었다.

☀️ 직무발명 보상

우리나라 특허청에서 배포한 직무발명 보상규정 표준모델은, 실시나 처분 보상금의 산정을 위한 보상금 기준을 제시한다. 회사가 얻을 이익에다 그 이익 창출에 대한 발명의 기여율을 곱한 값을 구한다. 여기에 다시 발명자의 기여율을 곱하여 그 발명인의 보상금을 정한다. 한국의 보상금 산정을 위한 기준도 일본과 별반 다르지 않다는 얘기다. 다행히 최근 판례는 "(회사가) 스스로 실시하지도 않고 (다른 회사에) 실시허락도 하지 않아 직무발명이 전혀 실시되지 않은 경우에도, 그 직무발명을 실시하였더라면 얻을 수 있는 이익 상당액을 보상금으로 지급해야 한다"고 판시하여 발명자 보호에 조금 더 다가가기는 했다.

　나카무라 슈지는 당시에 누구도 가능하다고 생각하지 않았던 청색 LED 개발을 혼자 밀어붙여 성공하였다. 그 성공을 특허 출원으로 이어 나가 회사의 발전에 기여하였고 자신은 노벨상까지 수상하는 영광을 누렸다. 여기에 더해 회사가 벌어들인 이익의 일부를 보상금으로 받아내기까지 했다. 이러한 업적은 그가 니치아공업화학에서 획득한 191건의 등록특허와 112건의 출원특허가 있었기에 가능한 일이었다. 나카무라 슈지가 그냥 큰소리만 치면서 헝그리 정신을 말한 것이 아니었다.

영상 데이터 압축과 표준특허

디지털 영상소자가 필름을 대체한 뒤로 디지털 신호를 유무선으로 전송할 수 있게 되었다. 영상을 표현하는 데 사용되는 데이터의 양이 디지털 소자의 저장용량과 비례하여 늘어나자 동영상 데이터 저장도 가능해졌다. 음성과 영상에 이어 동영상을 디지털화해서 전송하는 단계에서 핵심은 신호 압축기술이다. 음성과 영상 신호에 쓰이는 데이터의 양을 줄이되 품질 저하를 최소화하는 것으로, 압축 정도에 따라 사람의 눈과 귀가 인식하지 못하는 신호를 보존하거나 버리기도 한다.

압축하여 전송한 데이터는 수신한 쪽에서 복원해서 듣고 보아야 하는데, 압축방식과 수신방식이 서로 다르다면 원본 신호를 복구할 수 없다. 이런 문제가 생기지 않도록 영상과 음성을 디지털 데이터로 저장하고 전송하기 위해 정한 규약이 동화상 전문가그룹(Moving Picture Expert Group, MPEG)에서 1999년에 규격화한 MPEG-4 규격이다. 이처럼 통신 등 다자간에 협의된 기술을 표준기술이라고 하고, 표준기술이 누군가의 특허로 등록되었다면 그 특허는 표준특허가 된다.

표준특허는 표준기술 구현에 필수적인 특허이므로, 권리자가 표준화기구에 선언이라는 사전 신고절차를 거쳐야 사후 권리행사를 할 수 있도록 규정하고 있다. 선언만으로 표준특허가 되는 것은 아니고 기술별로 표준특허를 공동 관리하는 특허 풀(pool)에 가입하거나, 특허 풀이 없다면 개별적으로 소송 또는 협상을 진행해서 특허가 표준규격에 포함되는지 검증하는 절차를 거쳐야 한다. 이렇게 표준특허 지위를 획득하면 특허 풀에 포함된 특허권자끼리는 권리를 상호 공유하고, 특허 풀 밖의 특허 실시자로부터는 기술료를 받을 수 있다.

표준특허 선언에는 보유한 특허권을 무상으로 공개하거나, 공정하고 합리적이며 비차별적인(Fair, Reasonable and Non-Discriminatory, FRAND) 조건으로 권리를 행사한다는 동의가 필수요건이다. 따라서 표준특허는 안정적인 기술료를 확보할 수는 있지만, 반면에 실시자를 임의로 선택할 수 없고 기술료가 일정 한도로 제한된다.

디지털 강국 한국은 2020년에 표준특허 선언 1위를 차지했다. 2015년부터 2019년까지 5위에 머무르던 한국의 1위 도약은 삼성전자가 디지털 영상압축 및 압축해제 특허 2,500여 건을 선언한 효과가 컸지만, 전자통신연구소(ETRI)와 LG전자의 기여도 상당했다. LG전자가 휴대전화사업을 중단하더라도, 노키아의 휴대전화사업 포기 후에 꾸준히 표준특허 선언 2, 3위를 기록해 온 핀란드의 사례를 눈여겨봐야 한다.

한국의 기술수출액(A)을 기술수입액(B)으로 나눈 기술무역수지비(A/B)는 2011년 0.41에서 2019년 0.77로 꾸준히 증가하고 있다. 표준특허의 확보가 늘수록 기술수출액도 증가한다.

맺음말

경제규모 세계 10위, 전 세계를 휩쓰는 K-POP, 아카데미상을 휩쓴 K-Movie, 코로나19 위기에 빛난 K-방역까지.

우리는 누군가의 말처럼 어느새 선진국의 반열에 올랐다. 월드컵과 하계올림픽과 동계올림픽까지 모두 개최한 데다 좋은 성적까지 기록한 자부심도 있다. 그렇지만 노벨 과학상으로 이야기가 흐르면 아쉬움이 크다. 한국인 노벨 과학상 수상자를 배출하겠다고 선언한 고등교육기관이 한두 곳이 아니며, 노벨상을 받겠다며 연구비를 타간 기관도 한두 곳이 아닌데도 이렇다.

노벨상은 올림픽 메달과 다르다. 국가대표를 선발해 그들끼리 겨루는 경주가 아니기 때문이다. 오지에서 발병한 병원체를 연구하고, 식민지 감옥에서 이유 없이 죽어 가는 사람들의 고통을 외면하지 않은 의사의 노고를 기억하는 상이다. 세계적인 대기업 연구소에서 새로운 제품을 개발한 과학기술자뿐 아니라, 이름도 모르는 변방의 작은 기업 골방에서 찾아낸 신기술에도 주어지는 상이다.

297

한국에는 세계적인 대기업도 많고, 뛰어난 기술력으로 승부하는 중소, 중견기업도 즐비하다. 이곳의 연구소와 생산 현장에서 이루어지는 연구개발의 성과가 당장의 제품개발에만 머무르지는 않을 것이다. 특허와 논문으로 기록된 결과는 꾸준히 축적되다 보면 언젠가 빛을 보게 마련이다.

한국의 과학기술자들은 코로나19 팬데믹 상황에서도 2020년 세계에서 4번째로 많은 2만 건이 넘는 국제특허 출원을 기록했다. 한국인이 노벨 과학상 무대에 오를 날이 머지않았다. 지금 대학에서, 연구소에서, 어쩌면 생산현장에서 연구와 개발에 몰두하고 있을 주인공을 응원한다.

제1부 '인류의 건강 개선을 위하여' 헌신하다

01 집단질병의 공포를 몰아낸 비타민

1 영국 왕립학회 회원 고드프리 코플리가 기부한 기금을 토대로 1731년 창립되어 매년 과학 업적에 대해 수여되는 가장 오래된 상으로, 수상자는 자동적으로 협회의 회원으로 선출된다.

2 1853년 미국의 제독 매튜 C. 페리가 이끄는 미국 해군 동인도 함대의 증기선 2척을 포함한 함선 4척이 현재도 해군기지가 있는 도쿄 인근 요코스카로 입항했고 일본에서는 이를 흑선이라고 불렀다.

3 일본의 에도시대 후기에, 사쓰마번(지금의 가고시마현)과 조슈번(지금의 야마구치현)이 맺은 정치적·군사적 동맹으로 1866년 3월 7일에 맺어졌으며, 에도막부 타도가 목적이었다.

4 Seaman, Louis Livingston(1906). *The real triumph of Japan: the conquest of the silent foe.* New York, NY: D. Appleton.

5 쌀증산을 통한 식량자급이 지상과제였던 1970년대 한국에서는 비타민 B1 때문이 아니라 쌀의 총량을 늘리기 위해서 도정을 9번 하는 9분도 쌀보다는 7분도 쌀을 먹자는 캠페인을 전개하기도 했다. 도정할 때 깎여 나가는 양이 많았기 때문이다.

6 홍반병(紅斑病)이라고도 불리며, 니코틴산(비타민 B3)의 만성적인 부족으로 인하여 나타나는 비타민 결핍증이다.

7 비타민 D 결핍으로 인해 골격의 변화를 초래하는 병으로 다리가 굽어 O자가 되거나 심하면 곱추가 된다.

8 한국과 일본의 권장량은 100mg이고 미국은 60mg, 유럽은 110mg이다.

9 Pauling, Linus(1970). *Vitamin C and the Common Cold* (1ed.). San Francisco: W. H. Freeman. Retrieved 12 August 2016 – via Open Library.

02 당뇨병 치료의 서막을 연 인슐린

1 엄밀하게는 당뇨병 환자의 90%를 차지하는 제2형 당뇨병으로, 인슐린 생산을 못하는 소아당뇨병 또는 제1형 당뇨병과 구분된다.

2 유럽계 백인의 당뇨병 유병률은 6%로 중국인과 인도인 등 아시아계의 12~17%보다 훨씬 낮다.

3 Global report on diabetes, World Health Organization 2016.

4 Leopold, Eugene(1930). "Aretaeus the Cappadocian: His Contribution to Diabetes Mellitus". *Annals of Medical History* 2: 424~435.

5 Archiv für experimentelle Pathologie und Pharmakologie (26, 371; 1890).

6 Morrison, H.(1937). *Contributions to the microscopic anatomy of the pancreas/ by Paul Langerhans; reprint of the German original with an English translation and an introductory essay*. Baltimore, MD: Johns Hopkins Press.

7 US Patent 3,512,517, Polarographic method and apparatus for monitoring blood concentration.

8 세균의 세포 내에 복제되어 독자적으로 증식할 수 있는 염색체 이외의 DNA 분자를 총칭하는 말로, 1952년 조슈아 레더버그(Joshua Lederberg, 1925~2008) 박사가 처음 제안했다.

03 말라리아와 티푸스 매개체의 살충제, DDT

1 콜타르(coal tar)에서 뽑아낸 무색 방향유(aromatic oil)인 아닐린(aniline)을 중크롬산칼륨(potassium dichromate)으로 산화시키던 중에 톨루이딘(toluidine) 불순물이 아닐린과 반응하여 침전된 검은색 고체에서 에탄올(ethanol)로 추출했다.

2 1856년 8월 26일에 '비단, 면, 양모 또는 기타 재료를 라일락이나 자주색으로 염색하기 위한 새로운 색소(a new colouring matter for dyeing with a lilac or purple colour stuffs of silk, cotton, wool, or other materials)'라는 이름으로 특허를 출원하였다.

3 스웨덴 왕립과학원 원장 A. 린드스테트의 1905년 노벨 화학상 수상 추천사.

4 황산의 존재하에 클로랄 수화물(chloral hydrate)을 클로로벤젠(chlorobenzene)과 반응시키면, 이염화 이페닐(Dichloro Diphenyl)이 삼염화에테인(Trichloroethane)과 결합하여 DDT가 된다.

5 Donald Roberts & Richard Tren with Roger Bate & Jennifer Zambone.(2010). *The Excellent Powder DDT's political and Scientific History*. Indianapolis, IN:

Dog Ear Publishing, LLC.

6 스위스에서 1940년에 등록받았고 미국에서도 'US 2,329,074, Devitalizing composition of matter'로 1943년에 등록받았다.

04 세균 감염을 치료하는 항생제

1 1800년대 초 유럽의 사망원인 중 25%가 결핵이었다고 한다.

2 Bonah, C.(2005). "The 'experimental stable' of the BCG vaccine: safety, efficacy, proof, and standards, 1921–1933". *Stud Hist Philos Biol Biomed Sci* 36 (4): 696~721.

3 지금은 코흐연구소로 바뀌었다.

4 www.pfizer.co.kr/ko/19001950.

05 암의 진단과 치료

1 인간의 몸이 혈액, 점액, 황담즙, 흑담즙 네 가지의 체액으로 차 있으며, 체액 사이의 균형이 맞아야 건강한 상태가 된다고 보았다.

2 1622년에 가스파로 아셀리(Gasparo Aselli)가 림프를 발견하였다.

3 현재 학명은 공길로네마 네오플라스티쿰(*Gongylonema neoplasticum*)이며, 입에 침이 없고 입술이 2개 이상이며 실 모양과 같은 선충이다.

4 DNA 구조를 규명한 프랜시스 크릭이 제안한 개념으로, DNA가 새로운 DNA를 생성하는 복제, DNA에서 RNA를 생성하는 전사, RNA에서 단백질을 생성하는 번역을 설명한다.

5 정확하게는 벤조[a]피렌(Benzo[a]pyrene, $C_{20}H_{12}$)으로 5개의 벤젠 고리가 결합한 분자며, 벤조[e]피렌(benzo[e]pyrene)과는 이성질체다.

6 필자도 내시경을 통한 위조직검사를 통해 헬리코박터 파일로리에 감염된 사실을 알고, 항생제를 복용하여 제거하였다. 마셜은 한국야쿠르트에서 생산한 발효유 제품인 '헬리코박터 프로젝트 윌' 광고 모델이기도 했다.

7 한국에서는 2021년 현재 만 12세 여아에게 가다실과 서바릭스 백신접종을 무료로 지원하고 있다.

8 성장호르몬은 뇌하수체에서 분비된다.

9 텔로미어는 말단소립이란 뜻이며, 그리스어로 '끝(τέλος, telos)'과 '부위(μέρος, meros)'의 합성어다.

10 www.monews.co.kr/news/articleView.html?idxno=102092.

11 글리벡의 원료물질은 이마티닙 메실산염이다.

12 공공의 이익이란 국민보건, 공공시설, 환경보호 등과 같이 국민생활과 밀접하게 관련되어 있는 경우의 이익을 말한다.

06 암치료를 위한 양성자가속기

1 Wideröe, R.(1928). *Über ein neues Prinzip zur Herstellung hoher Spannungen.* Archiv f. Elektrotechnik 21, 387~406.

2 US Patent 1,948,384, Method and apparatus for acceleration of ions.

3 "R.R. Wilson's Congressional Testimony, April 1969." Fermilab History and Archives. history.fnal.gov/historical/people/wilson_testimony.html.

4 맨해튼 프로젝트에 참여했던 오펜하이머(Julius Robert Oppenheimer, 1904~1967)는 1950년 수소폭탄 제조에 반대했다가 모든 공직에서 쫓겨났다.

07 인체 내부를 입체영상으로 보는 CT와 MRI

1 그루트슈어병원은 세계 최초로 심장이식 수술에 성공한 곳이기도 하다.

2 푸리에 변환은 시간에 대한 신호를 시간의 역수인 주파수 성분으로 분해하여 표시하는 것으로, 시간 영역의 함수와 주파수 영역의 함수가 1:1 대응하는 성질을 이용하여 시간 영역에서 해야 할 복잡한 함수계산을 주파수 영역에서 간단하게 처리한 뒤 역변환으로 되돌리기도 한다. 영상신호도 가로 방향 성분 주파수와 세로 방향 성분 주파수를 정의하고 기하학적으로 합성하는데, 영상신호는 공간위치에 따라 극성이 바뀌는 신호므로 주파수 단위를 시간의 역수(1/sec)가 아닌 거리의 역수(1/mm)로 표시한다.

$$F(u, v) = \int_{-\infty}^{\infty} \int_{-\infty}^{\infty} f(x, y) \exp[-j2\pi(ux+vy)]dxdy$$

$$f(x, y) = \int_{-\infty}^{\infty} \int_{-\infty}^{\infty} F(u, v) \exp[j2\pi(ux+vy)]dudv$$

3 EMI는 1958년에 영국 최초의 트랜지스터 컴퓨터 에미덱(EMIDEC) 1100을 개발했으며, 스캐너라는 이름의 CT는 런던에 있는 애킨슨몰리병원(Atkinson Morley Hospital)에 시제품이 설치되었다.

4 Damadian, R.(March 1971). "Tumor detection by nuclear magnetic resonance". *Science*. 171 (3976): 1151~1153.

5 "The man who did not win". *Sydney Morning Herald*. 2003-10-17.

6　"Paul Lauterbur". *The Economist*. 2007-04-07.

7　광고 제목은 "The Shameful Wrong That Must Be Righted"였다.

8　자성은 강자성, 상자성, 반자성으로 구분된다. 상자성은 외부 자기장이 없는 상태에서도 자화되는 물질의 자기적 성질로 철, 니켈, 코발트 등 금속은 물론 산화철, 산화크롬, 페라이트 등 금속 산화물에서도 나타난다. 상자성은 외부 자기장이 있을 때만 자화되는 성질로 대부분의 결정이나 유체가 가지는 자기적 성질이다.

반자성은 자화를 상쇄하고자 하는 특성으로 모든 물질에 내재되어 있는 성질로 모든 물질은 항상 약한 반자성을 띠지만 강자성이나 상자성 때문에 잘 드러나지 않는다. 다만, 물, 수은, 에탄올, 비스무트, 구리, 금, 은 등 특정한 물질에서는 반자성 효과가 나타나서, 외부 자기장과 반대 방향의 자기장을 형성한다. 그래핀 연구로 2010년 노벨 물리학상을 수상한 안드레 가임(Andre Konstantin Geim, 1958~)은 반자성을 이용하여 강한 자기장 속에서 살아 있는 개구리를 공중부양 시키는 실험을 하여 2000년에 노벨상을 패러디한 이그노벨상(Ig Nobel Prize)을 받기도 했다.

개구리의 주요 구성성분인 물이 반자성체므로 외부에서 자기장이 가해지면 반대 방향의 자기장이 형성된다. 다음 그림에서 볼 수 있듯이 수직 방향으로 세운 솔레노이드에 전류를 흘려주면 전류가 흐르는 솔레노이드 코일과 수직한 방향인 원통의 중심 방향으로 자기장이 형성된다. 반자성 효과로 솔레노이드 자기장과 반대되는 방향으로 개구리 몸에 자기장이 생기면 두 자기장이 서로 미는 힘이 개구리의 무게와 같아지는 위치에서 개구리는 떠 있게 된다. 가임은 특정 위치에서 개구리의 무게와 자기장에 의한 반발력이 같아지도록 하는 크기의 전류를 흘려서 개구리 공중부양에 성공하였다.

강자성, 상자성, 반자성은 원자의 전자가 가지는 스핀에 의해 생기는 것으로 원자핵에서 발생되는 핵자기는 이와 같은 전통적인 자성 분류에 속하지 않는

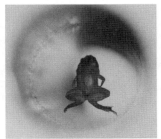

지름 32mm 자기장 16T 솔레노이드 코일 속에 살아 있는 개구리

다. 물질 속 전자의 스핀 상태는 자성을 결정하므로 인류가 오래전부터 지남철 등으로 자성을 이용해 왔다. 그러나 양성자의 스핀은 측정하기도 어려워서, 이를 최초로 측정한 슈테른(Otto Stern, 1888~1969)은 1943년에 노벨 물리학상을 수상했다.

제 2 부 '해 아래에 새것'을 만들다

08 비료와 독가스

1 칠레는 1879년부터 1883년까지 페루와 볼리비아를 상대로 전쟁을 벌여 페루의 타라파카, 아리카 지역 그리고 볼리비아의 안토파가스타주를 빼앗았다. 이를 남아메리카에서는 태평양전쟁(War of the Pacific)이라고 부르는데, 일본과 미국이 제2차 세계대전 중 벌였던 태평양전쟁과는 영어표기(the Pacific War)를 달리한다. 이 전쟁으로 볼리비아는 내륙국이 되었고, 페루도 남부 지역 땅을 상실했으며, 칠레는 국토면적의 1/3이 넘는 영토를 새로 차지했다.

2 반응 엔탈피(ΔH) = ΣH생성물 − ΣH반응물(반응 엔탈피 = 생성물의 엔탈피 합 − 반응물의 엔탈피 합).

3 이 원리는 생물학에서 클로드 베르나르(Claude Bernard, 1813~1878)가 제안한 체온조절 등 항상성으로 나타나고, 물리학에서는 전기회로에서 발생하는 유도기전력이 폐회로를 통과하는 자속의 변화를 상쇄하는 방향으로 발생된다는 렌츠(Heinrich Friedrich Emil Lenz, 1804~1865)의 법칙으로 표시된다.

4 Dietrich Stoltzenberg.(2005). *Fritz Haber: Chemist, Nobel Laureate, German, Jew: A Biography*. Philadelphia, PA: Chemical Heritage Foundation.

5 세륨과 크로뮴이 미량 함유된 산화철.

09 유전자변형과 유전자가위

1 노먼 블로그는 이 공로로 1970년 노벨 평화상을 수상했다.

2 www.dongascience.com/news.php?idx=13621.

3 유전자는 게놈 서열의 특정한 위치에 있는 구간으로 유전형질의 단위가 된다. 1905년에 윌리엄 베이트슨(William Bateson, 1861~1926)이 genetics라는 용어를 사용하기도 했다.

4 모건은 "유전 현상에서 염색체의 역할 규명"을 한 공로로 1933년 노벨 생리의

학상을 수상한다.

5 로잘린드 프랭클린은 일찍 사망하는 바람에 노벨상 수상에서 제외되었지만, 수상 제외 말고도 여성이라는 이유로 그녀의 기여가 과소평가되었다는 주장이 있다.

6 1920년 함부르크대 교수였던 빈클러(Hans Winkler, 1877~1945)가 게놈(genom)이란 말을 만들었다. "나는 종의 기초를 이루는 염색체 일배체 세트를 게놈이라고 표현할 것을 제안한다."

7 realfoods.co.kr/view.php?ud=20161027000352&sec=01-75-04.

8 서울대 김진수 교수가 세운 벤처기업. 표적 DNA에 특이적인 가이드 RNA 및 Cas 단백질을 암호화하는 핵산 또는 Cas 단백질을 포함하는 표적 DNA를 절단하기 위한 조성물 및 이의 용도(US 2015-0344912, Composition for cleaving a target dna comprising a guide rna specific for the target dna and cas protein-encoding nucleic acid or cas protein, and use thereof) 등 3건을 출원했다.

9 하버드대와 MIT가 공동으로 설립한 연구소. 유전자 산물의 발현 변경을 위한 CRISPR-Cas 시스템 및 방법(US 8,697,359, CRISPR-Cas systems and methods for altering expression of gene products)은 특허 등록에 성공했다.

10 새로운 탄소 신소재, 그래핀

1 Радушкевич, Л. В.(1952). О Структуре Углерода, Образующегося При Термическом Разложении Окиси Углерода На Железном Контакте (PDF). Журнал Физической Химии (in Russian). 26: 88~95.

2 H. P. Boehm, R. Setton and E. Stumpp, Pure Appl. *Chem.* 66, 1893 (1994).

3 Y. Zhang, Y. W. Tan, H. L. Stomer and P. Kim. *Nature* 438, 201 (2005).

4 K. S. Novoselov et al., *Science* 306. 666 (2004).

5 E. S. Reigh. *Nature* 468. 486 (2010).

6 〈네이처 "김필립 교수도 노벨상 받았어야"〉(《한국일보》, 2010.11.29.) 등 여러 신문과 방송에서 보도했다.

7 A. K. Geim and P. Kim. *Scientific American*. 90~97. April(2008).

8 US 8,659,009. Locally gated graphene nanostructures and methods of making and using, US 8,445,893. High-performance gate oxides such as for graphene field-effect transistors or carbon nanotubes.

11 유기고분자의 질량분석

1 전하 대 질량비를 이용한 질량분석기는 자기장을 이용한 장치인 자기구분형 질량분석기(Magnetic Sector Mass Spectrometer) 외에도, 4중극자 질량분석기 (Quadrupole Mass Spectrometer)와 비행시간형 질량분석기(Time of Flight Mass Spectrometer)가 있다.

2 1985년에 출원(출원번호 1985-183298)되고 1987년에 공개된(공개번호 1987-043562) 특허, 레이저 이온화 질량분석계용 시료작성방법 및 시료 홀더.

3 돌턴(dalton)은 원자질량단위로, 주로 생화학이나 분자생물학에서 사용된다. 양성자와 중성자를 더한 수만큼의 질량단위를 표시하므로, 원자량 12인 탄소는 12돌턴으로 표시된다.

4 Karas, M., Hillenkamp, F.(1988). "Laser desorption ionization of proteins with molecular masses exceeding 10,000 daltons", *Anal. Chem.* 60 (20): 2299~2301.

5 다나카 고이치는 도호쿠대학에서 전기공학과 학부를 졸업했다. 노벨상을 수상한 해인 2002년에 모교인 도호쿠대학에서 명예박사를 받았다.

6 시장분석기관인 프로스트 앤 설리번(Frost & Sullivan) 자료(2016)에 따르면 임상미생물학 기준으로 세계 말디토프 질량분석기 시장은 2022년에 약 6560억 원 규모에 이를 전망이다.

7 나카무라 슈지는 2014년에 노벨 물리학상을 수상했다.

12 핵무기와 원자로

1 자연계에 존재하는 탄소동위원소로는 ^{12}C(98.9%)와 ^{13}C(0.01%), ^{14}C(미량)가 있다.

2 정확히는 음의 베타붕괴로, 약한 상호작용에 의해 중성자가 양성자로 바뀌면서 전자와 전자 반중성미자를 방출한다.

3 대표적인 방사성붕괴에는 알파붕괴, 베타붕괴, 감마붕괴가 있다. 알파붕괴는 헬륨원자핵(양성자 2개와 중성자 2개)이 빠져나오는 것이고, 베타붕괴는 중성자가 양성자로 바뀌는 것이다. 이와 달리 감마붕괴는 전하의 변화는 없고, 핵의 들뜬 에너지 상태가 안정화되면서 고에너지 광자인 감마선을 방출한다.

4 납은 원자번호가 82고, 주요 동위원소의 원자량은 204, 206, 207, 208이다.

5 원자핵이 붕괴해서 알파입자인 중성자 2개와 양성자 2개가 빠져나오는 것으로, 비교적 무거운 핵종(주로 원자번호 83 이상)에서 일어난다. 알파입자는 헬륨

의 원자핵과 동일하므로, 전자 2개를 만나서 헬륨이 되기도 한다. 지구에서 생산되는 헬륨의 대부분은 지하에 매장된 우라늄 및 토륨 등의 광물에서 알파붕괴로 인해 발생해서 천연가스 등에 녹아 있던 것이다.

6 일부는 바륨(Ba)보다 양성자가 하나 적은 원자번호 55, 원자량 137인 세슘(Cs)으로 된다. 세슘은 반감기가 30년에 달하고 인체 내의 칼륨을 대체하는 성질이 있어 위험하다.

7 US Patent 2,836,554, Air Cooled Neutronic Reactor.

8 US Patent 2,524,379, Neutron Velocity Selector.

9 1979년 3월 28일 미국 펜실베이니아주 스리마일섬(Three Mile Island)원자력발전소 2호기에서 일어난 노심용융(meltdown) 사고를 말한다.

10 1986년 4월 26일 구소련 우크라이나 체르노빌원자력발전소에서 발생한 폭발 사고다.

11 2011년 3월 11일 일본 도호쿠지방 태평양 해역 지진으로 인한 해일로 후쿠시마 제1원자력발전소에서 발생한 국제원자력 사고등급 최고 단계인 7단계 사고로, 수소폭발과 노심용융이 일어났다.

제3부 '아주 작은 것' 전자를 찾아내다

13 전기 연구의 새 장을 연 가이슬러관

1 실제로는 1,836분의 1이다(140쪽 참조).

2 US 2,022,450, Television Systems.

3 UNESCO의 세계기록유산으로도 선정된 티하니의 특허는 반도체 등의 물체가 가시광선이나 자외선을 포함한 전자기파를 흡수해 전자와 정공을 생성해서 전기전도도가 커지는 현상인 광전도성에 관한 것이었다.

4 특허의 실시권에는 독점권인 전용실시권과 비독점인 권리인 통상실시권이 있다.

14 맨살을 통과하는 광선, X-선

1 1895년 12월 28일에 발간된 *Physical-Medical Society journal*에 "On A New Kind Of Rays(Über eine neue Art von Strahlen)"라는 제목으로 발표했다.

2 스토크스(George Gabriel Stokes, 1819~1903)와 비헤르트(Emil Wiechert,

1861~1928)의 주장이었다.

3 X-선의 파동 특성은 물론, 결정학에서 가정한 공간격자를 확인한 공로를 인정
받은 폰 라우에는 '결정에 의한 X-선 회절 연구'로 1914년 노벨 물리학상을 수
상했다.

4 바클라(Charles Glover Barkla, 1877~1944)는 원소의 종류에 따라 방출되는 X-
선의 에너지가 달라진다는 '원소의 특성 뢴트겐 방사의 발견'으로 1917년 노벨
물리학상을 수상했다.

5 몸을 투과하면 분자와 공명하여 세포를 파괴하거나, DNA 혹은 RNA의 수소
결합을 절단하여 유전자를 파괴하거나 변형시킨다.

6 인산염 비료로 인해 폴로늄(Po-210)과 납(Pb-210) 동위원소가 담배잎에 축적되
고, 음식으로 섭취한 다른 채소의 잎에 축적된 동위원소는 대부분 배설되는 현
상과 비교하면 흡연으로 폐에 들어간 폴로늄과 납 동위원소는 폐에 점착되어
붕괴하면서 방사선을 방출한다.

15 전파를 이용한 장거리 무선전신

1 US Patent 750,429, Wireless electric transmission of signals over surfaces,
US Patent 763,345, Means for tuning and adjusting electric circuits.

2 무선전신의 개선 기술 특허를 마르코니는 1900년에 출원(US Patent 763,772,
Apparatus for wireless telegraphy)하였고, 테슬라 역시 관련 기술을 1897년에 출
원(US Patent 645,576, System of transmission of electrical energy)하였다. 두 기술
은 서로 권리범위가 다른 특허다.

3 무전전신 원천특허는 영국 특허 12,039, Improvements in Transmitting
Electrical impulses and Signals, and in Apparatus therefor로, 미국에도 특허
번호 586,193, Transmitting electrical signals로 등록되었다.

4 United States Supreme Court, Marconi Wireless Telegraph co. of America v.
United States. 320 U.S. 1. Nos. 369, 373. Argued 9–12 April 1943. Decided
21 June 1943.

5 US Patent 3,906,166, Radio telephone system.

16 원자를 보여 주는 전자현미경

1 자신을 둘러싸고 있는 에너지 장벽보다 낮은 에너지 상태에 있는 입자의 일부
가 일정한 확률로 장벽을 뚫고 나가는 양자역학적 현상이다.

2　Ruska, E. and Knoll, M.(1931). "Die magnetische Sammelspule für schnelle Elektronenstrahlen(The magnetic concentrating coil for fast electron beams.)". *Z. techn. Physik.* 12, 389~400.

3　B. von Borries and E. Ruska, German Patent 680,284 filed 17 Mar. 1932.

4　www.nobelprize.org/nobel_prizes/physics/laureates/1986/ruska-lecture.pdf

5　Binnig, G. Roher, H. Gerber, Ch. and Weibel, E.(1982). "Surface Studies by Scanning Tunneling Microscopy". *Phys. Rev. Lett.* 49, 57.

6　Binnig, G. and Roher, H.(1983). "Scanning Tunneling Microscopy". *Surface Science.* 126, 236~244.

제4부 '전자의 실크로드' 회로를 연결하다

17 반도체 시대의 출발, 트랜지스터

1　US Patent 307,031, ELECTRICAL INDICATOR.

2　US Patent 803,684, Instrument for converting alternating electric currents into continuous currents.

3　US Patent 879,532, Space telegraphy.

4　US Patent 1,745,175, Method and Apparatus for controlling electric currents.

5　US Patent 2,524,035, Three-Electrode circuit element utilizing semiconductive materials.

6　US Patent 2,569,347, Circuit Element utilizing Semiconductive Material.

7　쇼클리를 떠난 8명은 '8명의 배신자'라고도 불린다. 나중에 이들의 성공신화를 취재하던 돈 회플러가 붙인 이름이다.

8　강대원은 서울대 물리학과와 오하이오주립대 전자공학과를 졸업하고, 벨연구소에서 근무 중 전계효과 트랜지스터를 개발하였다.

18 수의 횡포를 극복한 집적회로

1　미국 발명가 명예의 전당(National Inventors Hall of Fame)은 중요 기술에 대한 미국 특허를 보유한 발명가를 기념하는 기관으로, 2020년 현재 603명의 발명가 이름이 올라가 있다. 집적회로를 만든 킬비와 노이스뿐 아니라 트랜지스터를 개발한 바딘과 브래튼 그리고 쇼클리도 명예의 전당에 헌액되어 있다.

2 잭 킬비의 집적회로 발명은 1959년 2월 6일에 'Miniaturized electronic circuits'라는 명칭으로 특허 출원되었고, 1964년 6월 23일에 미국 특허 3,138,743호로 등록되었다.

3 로버트 노이스는 1959년 7월 30일에 'Semiconductor device and lead structure'라는 명칭으로 특허 출원하였고, 1961년 4월 25일에 미국 특허 2,981,877호로 등록되었다.

4 US Patent 3,496,333, Thermal Printer, 1965년 10월에 출원되고 1970년 2월에 등록되었다.

5 US Patent 3,819,921, Miniature Electronic Calculator, 1967년 9월에 출원하여 1974년에 등록되었다.

6 반도체 집적회로의 성능이 24개월마다 2배로 증가한다는 무어의 법칙(Moor's law)을 제시하였다.

19 자기장을 이용한 기억장치

1 자기적으로 역평행 분극된 성분을 구비한 강자성 박막 자기장 센서(Magnetic field sensor with ferromagnetic thin layers having magnetically antiparallel polarized components)로, 독일에 1988년 6월 16일자로 출원하고, 미국에 1989년 6월 14일에 우선권 주장 출원하여 각각 독일 특허 3,820,475호 및 미국 특허 4,949,039호로 등록하였다.

2 미국 특허 5,206,590, 스핀밸브 효과에 기초한 자기저항 센서(Magnetoresistive sensor based on the spin valve effect).

20 전기가 통하는 플라스틱

1 에틴(ethyne)으로도 불리며, 알카인계 탄화수소 중 가장 간단한 형태의 화합물이다.

2 3중결합은 결합차수가 3인 공유결합으로, 두 원자의 결합에 각각 3개씩 6개의 전자가 참여한다.

3 화학결합 중 전자를 원자들이 공유하였을 때 생성되는 결합을 말한다.

4 아세틸렌처럼 단위체가 가지고 있던 다중결합이 단일결합으로 변하며 연결되는 반응은 첨가중합반응이다.

5 에텐(ethene)이라고도 불린다.

6 프로펜(propene)이라고도 한다.

7   이에 대해 시라카와는 자신이 변형직에게 실험을 지시했으며, 일본어를 잘 모르는 변형직이 밀리몰(mmol)을 몰(mol)로 오해해서 촉매를 잘못 넣은 것이라고 한다.

    그러나 변형직은 시라카와보다 10살 연상의 파견 연구원으로, 당시 이케다 교수의 조수였던 시라카와의 지시를 받을 위치가 아니라고 주장했다. 또한 변형직은 일본어를 자유자재로 쓰는 사람이었다고 한다.

제5부   '색 감각의 근원인 빛'을 다루다

21 그림을 대신한 평면사진, 조각상을 대신한 입체사진

1   그리스의 아리스토텔레스(problemata physica)와 중국의 《묵자(묵경)》에서 그 기록을 찾기도 한다.

2   정상파는 매질의 양 끝을 포함한 복수 개의 진동하지 않는 부분인 마디(node) 사이에 진폭이 가장 큰 부분인 배가 위치하고, 마디와 배의 위치가 움직이지 않는 파동이다. 진동수와 파장, 진폭이 같은 두 파동(다음 그림의 짙은 회색과 옅은 회색 실선)이 서로 반대 방향으로 진행하여 중첩되면 매질은 마치 파동이 전파되지 않고 제자리에서 진동하는 것처럼 보인다. 매질의 양 끝이 고정된 형태의 정상파(금색 실선)가 되는 것이다. 다음 그림에서 금색 점으로 표시된 위치가 마디고, 그 사이에 위치한 진폭의 최고 및 최저 지점이 마디다.

3   젤라틴 혼탁액과 질화은 그리고 브롬화나트륨으로 만들었다.

4   1903년 프랑스 뤼미에르 형제가 특허(프랑스 특허번호 339,223)를 받은 초기 컬러사진 공정으로, 1930년대 개발된 네거티브 필름 방식과 대비되는 부가 색상 '모자이크 스크린 플레이트' 공정이었다.

5   레이저와 같이 파장과 위상이 같은 상태인 빛.

6   가보르가 연구원으로 일했던 BTH(British Thompson-Houston Company)는 발

명의 명칭을 Improvements in and relating to Microscopy로 하여 1947년 12
월 17일자로 영국 특허청에 출원하여, 영국 특허 685,286호로 1952년에 등록
하였다.

7 1951년 7월 6일에 영국에 Improvements in and relating to optical appratud
for producing multiple interference라는 이름으로 특허 출원을 한 뒤, 1952년
6월 30일자로 미국에 우선권 주장 출원하였고 이는 미국 특허 2,770,166호로
등록되었다.

22 필름을 대체한 디지털 영상소자

1 "당신은 찍기만 하세요, 나머지는 저희가 할게요(You press the button, We do
the rest)."는 1888년 코닥의 유명한 광고 카피다.

2 오스트리아 기업가 플로리안 캡스가 2010년 네덜란드의 폐쇄된 플라로이드 공
장을 매입해 필름 생산을 재개한 뒤, 2017년 회사이름을 '폴라로이드 오리지널
스(Polaroid Originals)'로 바꾸었다. 폴라로이드를 되살리겠다는 시도인 셈이다.

3 전하(charge)는 전자와 양전하인 홀(hole)을 포함하는 개념이다.

4 픽처(picture)와 엘리먼트(element)의 합성어다.

5 필립스연구소(Philips Ressearch Labs)의 F. Sangster와 K. Teer에 의해 1969년
에 개발되었다.

6 1970년 2월 16일에 최초 출원하고 1971년 11월 9일에 일부계속출원하여 1974
년 12월 31일에 등록되었다.

7 1971년 3월 16일에 최초 출원하고 1972년 8월 30일에 일부계속출원하여 1978
년 4월 18일에 등록되었다.

8 Peter J. W. Noble (Apr 1968). "Self-Scanned Silicon Image Detector Arrays".
ED-15 (4). IEEE: 202–209.

9 charge coupled device exposure control로, 1973년 5월 21일에 최초 출원한 특
허를 우선권으로 1974년 2월 26일에 계속출원 하여 1980년 9월 9일에 등록되
었다.

10 Electronic Still Camera로, 1977년 5월 20일에 출원하여 1978년 12월 26일에
등록되었다.

23 인류가 만들어 낸 빛, 레이저

1 US Patent 2,879,439, PRODUCTION OF ELECTROMAGNETIC ENERGY.

2 US Patent 2,929,922, MASERS AND MASER COMMUNICATIONS.

3 미국도 2013년부터 먼저 출원하는 사람에게 특허를 주는 선출원주의로 바뀌었다.

4 US Patent 3,353,115, Ruby laser systems.

5 CA, continuation application.

6 CIP, continuation-in-part application.

7 1995년 6월 8일 이후 출원한 특허의 권리는 출원일부터 20년까지로 바뀌었다.

24 고효율 조명, LED

1 1962년에 'Semiconductor Radiant Diode'란 이름으로 특허 출원하여, US Patent 3,293,513으로 등록받는다.

2 한국, 미국, 일본에서는 논문 발표 후 1년 이내에 출원하면 자신의 논문 발표로 인해서는 거절되지 않는, 이른바 '신규성'을 상실하지 않은 것으로 보는 제도가 있다.

3 한국은 2000년에 제정한 『기술이전법』에서 공공 연구기관의 종업원 직무발명의 이전 금액의 최소 10% 이상을 보상하도록 하는 최저보상제를 도입하기도 했다.

4 대법원 2017. 1. 25. 선고 2014다220347, 직무발명 보상금 사건판결.

5 이 출원은 1997년 4월 18일에 일본 특허 2,628,404호로 등록받는다.

6 404 특허를 통한 생산으로 인해 니치아공업화학이 얻는 독점이익이 1,208억 엔이며, 이익에 대한 나카무라 슈지의 기여율이 50%므로 그 절반인 604억 엔을 지급해야 하지만 나카무라 슈지가 200억 엔만 청구했으므로 그만큼만 인정한다는 논리다. 이는 권리자가 요구한 범위 안에서만 재판한다는 민사소송의 원리인 처분권주의를 따른 판단이었다.

7 나카무라가 니치아공업화학에 재직 중에 등록받았던 특허 191건과 디자인 4건에다가, 당시 출원계속 중이었던 112건의 특허를 더하고 이 모든 권리에 대해 외국에 출원한 특허권은 물론이고 그때까지 공개되지 않았던 노하우까지 포함하여 그 가치를 6억 엔으로 평가하였다. 이 금액에다 화해로 재판이 마무리되는 점을 고려하여 2억 4,000만 엔을 추가해서 8억 4,000만 엔이었다.

찾아보기